教育部人文社会科学研究青年基金资助项目（项目编号：13YJC760005）和
中央高校基本科研业务费专项资金资助项目（项目批准号：2013-1b-005）成果

李渔造物思想研究

A RESEARCH ON LIYU'S PHILOSOPHY OF DESIGNING

陈建新 著

武汉大学出版社

图书在版编目(CIP)数据

李渔造物思想研究/陈建新著.—武汉：武汉大学出版社，2015.12
ISBN 978-7-307-17381-1

Ⅰ.李…　Ⅱ.陈…　Ⅲ.李渔(1611~约1679)—美学思想—思想评论　Ⅳ.B83-092

中国版本图书馆 CIP 数据核字(2015)第 302947 号

封面图片为上海富昱特授权使用(ⓒ IMAGEMORE Co., Ltd.)

责任编辑：王智梅　　责任校对：李孟潇　　整体设计：马　佳

出版发行：**武汉大学出版社**　（430072　武昌　珞珈山）
（电子邮件：cbs22@whu.edu.cn　网址：www.wdp.com.cn）
印刷：武汉中远印务有限公司
开本：720×1000　1/16　印张：13.25　字数：189 千字　插页：1
版次：2015 年 12 月第 1 版　　2015 年 12 月第 1 次印刷
ISBN 978-7-307-17381-1　　定价：30.00 元

版权所有，不得翻印；凡购我社的图书，如有质量问题，请与当地图书销售部门联系调换。

前　言

　　李渔是明末清初著名的文学家、戏曲理论家和造物活动家。他博学多才，一生涉及戏曲、小说、建筑、园林、家居、置物、服饰、修容等多个领域。代表作《闲情偶寄》是李渔一生生活美学和造物艺术的总结，他造物理论中的诸多见地是对生活事物不断改善、不断创造过程中的种种体验，他丰富的艺术经验、敏锐的理论洞见以及闲情的生活审美观，共同构建了其清新独特的造物思想特征。

　　本书对李渔的造物思想进行了系统的梳理和理论阐释，以期在新的时代背景下重新挖掘这位艺术家的造物理论内涵。书中首先对李渔生活的社会、政治、经济和文化背景及其所处时代的造物活动进行简要概述；从李渔身上独具的"闲士文人"个性及其对生活的审美渴望等方面，对其造物思想的理论渊源加以细密分析，为李渔造物思想的具体阐释奠定基础。其次，从李渔造物的自然观、功能观、审美观以及造物思想的娱乐旨趣四个方面全面剖析了李渔造物理论的基本架构和内涵。系统地阐释了：李渔造物思想中"以人为本"与"和谐自然"互为依存的哲学关系；"物以为用"、"物以为乐"、"物以载道"的功能至上观；"崇尚技艺"、"精于形态"、"求新求异"、"归本自然"的唯美审美观；"移情于物"、"追求闲情"的生活美学态度。最后，作者以历史发展的眼光，实事求是地评价了李渔在造物领域对中国古代造物艺术思想的继承和他的贡献。本书围绕对李渔造物思想所呈现的"生活艺术化"与"艺术生活化"特征，结合当代的社会生活现实，归结出李渔造物艺术思想对当前生活与艺术的启示。

　　李渔造物遵循"顺从物性"的哲理思想，坚持顺应事物的本性，

前　言

在注重生活功用的同时，追求人与自然的和谐统一；坚持以人为本的客观标准，从"我"的艺术审美趣味出发，强调置物造器要讲究陶情养性与自我实现的完美结合，从而形成了一种现代意义上的造物艺术思想，成为明末清初工艺美学界活跃思想的代表，突破了以计成、宋应星、文震亨为代表的正统文人思想的影响，独树一帜，自成系统。① 他视生活为艺术，将艺术融入生活，致力于美与生活、艺术与个体生命的融合，创立了独具休闲艺术特色的生活美学理论。"人生本来就是一种较广义的艺术，每个人的生命史就是他自己的作品。"② 李渔的造物思想为我们当今的设计实践和我们当代人的生活方式提供了借鉴。诚然，由于历史的局限性和个人的士大夫封建思想的影响，李渔的造物思想中也有消极、落后甚至庸俗的一面，但瑕不掩瑜，抱着取其精华，去其糟粕的态度，李渔的造物思想依然为我们当今的设计和生活提供了丰富的养料。

　　本著作之完成得益于国内图书馆的珍藏善本提供的宝贵资料，各方各门学者、导师陈汗青先生的指教及同门师兄弟们的支持与帮助，教育部人文社会科学研究青年基金、中央高校基本科研业务费专项资金的资助，在此一并致谢。对于本书之出版，得到了武汉理工大学艺术与设计学院的鼎力支持和武汉大学出版社的大力促进，万分感谢它们对促进现代学术交流之远见刊印此书，使得我有了求教于设计艺术界、文学界的学者们的机会。

陈建新
中国武昌马房山麓
2015 年冬

---

① 邵琦、李良瑾等：《中国古代设计思想史略》，上海书店出版社 2009 年版，第 150 页。

② 朱光潜：《朱光潜全集（第二卷）》，安徽教育出版社 1987 年版，第 91 页。

目　录

第一章　绪论 ………………………………………………… 1
　第一节　课题研究的目的、意义 ………………………… 1
　　一、国内外研究现状 …………………………………… 3
　　二、研究目标、研究内容 ……………………………… 19
　　三、创新点 ……………………………………………… 22
　第二节　中西设计史中的"设计" ……………………… 23
　　一、中国古代造物设计思想："功能至上"及其他维度的
　　　　缺失 ………………………………………………… 23
　　二、西方的现代主义设计及后现代主义设计思潮中的
　　　　设计观 ……………………………………………… 28

第二章　李渔生平及《闲情偶寄》产生的时代背景 ……… 32
　第一节　李渔生平及著述 ………………………………… 32
　　一、李渔生平 …………………………………………… 32
　　二、李渔的著述 ………………………………………… 40
　　三、李渔的戏曲、小说创作成就及相关理论体系简述 … 44
　第二节　《闲情偶寄》产生的时代背景 ………………… 48
　　一、《闲情偶寄》产生的社会背景 …………………… 48
　　二、李渔的交游世界——士人团体 …………………… 51

第三章　李渔所涉及的造物活动及其同时代的造物艺术 … 59
　第一节　李渔所处时代的社会及造物艺术 ……………… 59
　第二节　李渔的艺术个性 ………………………………… 61
　第三节　《闲情偶寄》中李渔所涉及的造物活动 ……… 63

一、造园 …………………………………………………… 64
　　二、家具 …………………………………………………… 68
　　三、器玩 …………………………………………………… 70
　　四、服饰 …………………………………………………… 73
　第四节　李渔的造物思想特征 ………………………………… 75
　　一、雅致 …………………………………………………… 75
　　二、新奇 …………………………………………………… 77
　　三、经济 …………………………………………………… 78
　　四、适用 …………………………………………………… 79

第四章　李渔造物思想的自然观 …………………………………… 81
　第一节　自然 …………………………………………………… 81
　　一、作为"自然界"的自然 ………………………………… 83
　　二、作为"自然而然"的过程特征的自然 ………………… 84
　第二节　造物与自然 …………………………………………… 85
　　一、取自然之材 …………………………………………… 86
　　二、适自然 ………………………………………………… 87
　第三节　造物与自然之道 ……………………………………… 89
　　一、妙肖自然 ……………………………………………… 89
　　二、天人合一 ……………………………………………… 91
　第四节　李渔自然观对传统自然观的突破 …………………… 93
　　一、有为 …………………………………………………… 93
　　二、顺欲 …………………………………………………… 95

第五章　李渔造物思想的功能观 …………………………………… 98
　第一节　物以为用 ……………………………………………… 98
　　一、可用 …………………………………………………… 98
　　二、易用 …………………………………………………… 100
　　三、经济 …………………………………………………… 103
　第二节　物以为乐 ……………………………………………… 104
　　一、物以体性 ……………………………………………… 104

二、物以适意……………………………………………… 106
　第三节　物以载道……………………………………………… 108

第六章　李渔造物思想的审美观…………………………… 111
　第一节　时势造就的审美观…………………………………… 111
　第二节　造物唯美……………………………………………… 114
　　一、"以人为本"的造物审美观……………………………… 114
　　二、和谐为美的造物审美观………………………………… 122
　第三节　崇尚技艺……………………………………………… 127
　　一、造物以用的功能美……………………………………… 127
　　二、虚实相生的结构美……………………………………… 129
　　三、造物在宜的尺度美……………………………………… 131
　第四节　精于形态……………………………………………… 132
　　一、"贵精不贵丽"，雅则奇现……………………………… 132
　　二、"宜简不宜繁"，恒则持久……………………………… 134
　第五节　归本自然……………………………………………… 136
　　一、纵情山水　美景入画…………………………………… 136
　　二、以美启真　美化生活…………………………………… 137

第七章　李渔造物的娱乐思想……………………………… 139
　第一节　倡导娱乐的背景和意义……………………………… 139
　第二节　行乐之法……………………………………………… 142
　　一、以心为乐………………………………………………… 142
　　二、以情为乐………………………………………………… 143
　　三、以新为乐………………………………………………… 144
　第三节　李渔的娱乐设计思想的世俗化趋势及其对传统
　　　　　美学的反动…………………………………………… 145
　　一、娱乐设计思想的世俗化………………………………… 145
　　二、对传统美学的反动……………………………………… 149

第八章 结 论……………………………………………… 151
第一节 当代社会的消费性特征的变迁
  ——由功能性消费转入精神消费…………… 151
第二节 李渔造物思想的超前性…………………………… 155
  一、李渔造物思想对传统造物思想的继承及其超越……… 156
  二、李渔造物思想对他的时代的超越……………………… 163
第三节 李渔造物思想对当今生活与设计的启示………… 173
  一、当今社会艺术与生活的现实呈现……………………… 173
  二、当今艺术生活化与生活艺术化的困惑………………… 181
  三、李渔造物思想对解决当代生活与艺术问题的启示…… 184

参考文献……………………………………………………… 190

后　记………………………………………………………… 202

第一章 绪 论

第一节 课题研究的目的、意义

李渔(1611—1680)①,初名仙侣,字笠翁,又字谪凡,号天徒、湖上笠翁、随庵主人、觉道人、笠道人、觉世稗官、新亭客樵等,原籍浙江兰溪下李。在明清朝代转换的名士当中,李渔的一生突出体现了那个时代非同寻常的社会文化的蜕变,他的思想与作品代表着晚明时期浪漫主义、经验主义及个人主义这三个最重要的思潮②。李渔多才多艺,富于创业精神,他集学者、作家、出版商、造物活动家于一身,他在创业中的各种设计思想是那个时代政治、经济、社会、文化和生活的生动写照。

李渔生活在17世纪的前中期,当时的中国经济发展迅猛,"重本抑末"③这一封建社会长期奉行的经济政策已被动摇,贱商

---

① 学术界大多认为李渔生于明万历三十八年,即公元1610年,据《龙门李氏宗谱》记载,李渔生于明万历三十八年庚戌八月初七。

② [美]张春树、骆雪伦:《明清时代之社会经济巨变与新文化》,王湘云译,上海古籍出版社2008年版,第1页。

③ 中国古代的历代封建帝王主张重视农业而限制或轻视工商业的一种经济思想和政策。《汉书·食货志上》载:"士农工商,四民有业。学以居位曰士,辟土殖谷曰农,作巧成器曰工,通财鬻货曰商。"在士农工商的"四民"中,商被排在了末位。战国时李悝、商鞅和韩非等人认为,农业是人民衣食和富国强兵的源泉,因而把农业称为"本",把工商业称为"末"。认为重农必须抑商和禁末,以保证农业部门的劳动力和农民的生产积极性。这一长久的封建统治思想为巩固封建制度起了积极作用。

的观念逐渐被遗弃，商人被热捧。随着商人的阶级地位的改变，广大民众心态也随之发生了较大的变化，拜金主义思潮冲击着明末清初传统的封建社会，一种全新的价值观逐渐渗透至思想界、文学界，形成了一股新的社会风气和新的文化思潮。

这一时期，中国的思想界、文学界也处于重要转型阶段。由于明朝时期的开明思想，百姓大多安居乐业，社会财富增长迅速，至晚明时期，社会的两极分化日趋严重，但当时的工商业蒸蒸日上、制造业初现端倪、人口繁衍兴旺、都市化的生活状况日趋明显，尤其当时人们对于金钱、财富、奢华生活的看法产生了巨大的转变，大大背离了传统儒家倡导的主流价值观：在生活上追求奢靡与舒适，在精神上追求闲情与享乐，衣物饰物及化妆粉饰上追求流行与时尚，在家居置物上追求华丽与个性。同时伴随着工商业的兴起与科技革命对经济的发展，民众识字率的显著增高，文化业与传媒业也比较发达，出版业日益兴盛，知识分子开始普及，文学家、思想家、造物活动家广泛利用大众传媒将文学理论的重点转向了个人主义和现实主义。所有的这一切，都为当时的思想革命和文学革命提供了物质和社会条件。这些对于人们认识人生、社会、家庭、生活、享乐、工作都有着颠覆性的影响。当所有的这些变化达到顶峰，就共同为产生一个新的社会及一个强调进步、经商、科技、物资设备的新的社会的思想世界提供了条件。

李渔的生活、思想以及行为模式恰恰在这种变化中产生，从他的身上我们看到了明末清初弥漫在社会上的那股强烈的个性思潮和享乐之风，时代的骤变使其重塑，这在李渔的生活、事业以及造物的思想中得以印证。他身兼数职，集作家、戏曲家、曲作家、学者、画家、历史学家、植物学家、文学评论家、出版商、建筑学家、园艺家和造物发明家于一身，又知识广博，精通卫生、饮食、烹饪、娱乐、居室装潢、商业管理等①。复杂的身份以及特定环境下政治、经济、文化等诸多因素的相互作用，最终形成了李渔独特

---

① ［美］张春树、骆雪伦：《明清时代之社会经济巨变与新文化》，王湘云译，上海古籍出版社2008年版，第2页。

而又复杂的思想形态结构。

  李渔在当今的文学界和哲学界广受追捧,之所以将李渔作为我的研究对象,并对其造物思想进行研究原因有三:其一,李渔是我国 17 世纪最成功的作家、戏曲家、造物活动家,从古至今,绝大多数学者研究他时,只注重研究他的文学地位和价值,他在造物思想中的"现代性"和"设计性"等特征却没有为人所重视。本书正是在前人的基础上,另辟蹊径对李渔的造物思想进行总结归纳。其二,李渔身处一个特殊的历史环境中,他的人生经历也是明清换代之际,社会、政治、经济和文化发生改变的真实写照,从他的身上我们可以清晰地归纳出那个时代的社会和文化特征。但本书的写作目的并不在此,而是其闲人世界,尤其是他的置物作品、文献中关于造物设计中所反映的思想、理念、观念和方法。也就是说本书将对李渔的造物思想的形成过程进行梳理,让人们了解一个享受在造物乐趣过程中的李渔。另外,笔者也将李渔的造物思想与其同时代的西方造物理论做一个比较,并结合现代设计思想加以深入研究。此举为的是能够深刻地了解李渔如何对待造物过程、他的造物方式和造物的思想特点,他有哪些是继承了传统,有哪些是他个人的独到之处和他对古代造物领域独特的贡献。其三,李渔的造物思想与实践显然已走在那个时代的前列,值得我们回味和思考。李渔留下了大量的文学作品和造物资料,特别是《闲情偶寄》一书,让我们感触到了李渔在造物实践与造物思想中的精髓,揭示出他已拥有近似于现代设计的思维和方法,虽然李渔这样的设计还处于自发阶段,但其对于现代设计的启示意义却值得我们借鉴和思考。

一、国内外研究现状

  李渔是中国古代文学发展史上卓有成就的全才之一,他以戏曲、诗文、小说及其杂著在世界史上写下了光辉灿烂的一页,是我国乃至世界在 17 世纪下半叶文坛上的一颗巨星。

  在明清朝代转换时期的名士之中,李渔的一生突出地体现了那个时代非同寻常的社会文化和手工业科技革命的蜕变,他的思想和作品代表着晚明时期浪漫主义、经验主义以及个人主义最重要的思潮。他的戏曲小说和评论在当时的国内外文坛引起了很大的争议。一方面，他那新意盎然的戏曲批评及其成功的戏曲作品、小说、杂文在20世纪20年代都得到学者们的肯定和高度赞赏。另一方面，当代研究中国文学史的一些权威人士仍然对李渔写的小说和戏曲评论持否定态度，在研究中指责其"有毒"。争议归争议，没有谁否认李渔在当时社会以及戏曲等文学作品中的地位。但世人对于他的造园、居室陈设以及置器的造物思想理论及其作品方面的关注明显重视不够，只有少数古代知名的诗人作家以及日本及西方近代的著述对其造物理论持积极的肯定态度，把他的造物理论书籍翻印成外文来供世人学习。

李渔作为一个文人及造物活动家，自身才华横溢又极有个性，做起事来常常与众不同、追求标新立异，有时与当时文人遵守的儒家正统观念大相径庭。这样，显然就得不到当时大家们的公正评价。我们在评价李渔文学和艺术贡献的同时，不能单独孤立地去判断，而是把李渔同当时范围更广的社会大背景结合起来一起认识。作为现代人，我们在对于李渔文学特别是造物理论思想方面的研究和评价方面就更应该结合现代人的价值体系和审美观来操作进行，这样才能有辨别地加以吸收和利用。

李渔在世时已名扬四海，而在他去世至今的数百年内，更是不断有人从各种不同角度，用各种不同的观点评述他、研究他。而且，李渔早就走出国门，产生世界性的影响[①]。下面就国内外研究李渔的现状作一个综述。

（一）国内研究现状

面对国内目前对李渔褒贬不一的研究状态，是一个在褒、贬两个极端中不停摇摆而逐步走向冷静与成熟的过程，经历了一个从简单介绍到深度阐发，从微观考辨到宏观总结，从单向观照到多维审视的发展态势。然而，瑕不掩瑜，从20世纪以来，李渔的戏曲理

---

① 杜书瀛：《李渔美学思想》，中国社会科学出版社1998年版，第1页。

论研究成为古代文论研究中的一个重要领域，得到了学者们的重视和关注。而作为一个具有丰富内涵的文化名人，从多角度、多层面来解读和诠释，也成为民间一些李渔研究者的命题和方向。

儒家学派董含①曾评价李渔的文学："夫古人绮语犹以为戒，今观笠翁《一家言》，大约皆坏人伦、伤风化之语，当坠'拔舌地狱'无疑也。"②显然，董含自认是正统的儒家文化的传道者，是儒家价值观的传道士，儒家学者必须遵守基本的儒家伦理和功利事业观。而李渔公开倡导经商发财、组织家庭戏班表演创收、撰写煽情小说出版赚钱、大谈器玩、居室、园林建立奢侈的物质享受和感官娱乐等，这些新兴的个人主义、事业追求、思想开放及其物质上的实用主义主张的价值观和生活理念与当时的文人雅士倡导的儒家的基本思想意识格格不入。

同时代的刘廷玑在《在园杂志》中谈到了有关李渔的言情小说《肉蒲团》，1777至1781年间由黄文旸等人所编的名著《曲海丛目提要》，把李渔的杂剧和传奇收录高达十多篇，而对于李渔的介绍却非常稀少，在同时代的文人眼中，他不过是一个"俳优"③，也就是一个戏子罢了。传统的中国社会中，戏子的地位极端低下。后来李桓著的《国朝耆献类征》是当时公认的最齐全最标准的清代传记，对于李渔的文字也仅有一篇，不到60个字。直到1888年出版的《光绪兰溪县志》，对李渔的记载才较为详细，但是依然没有提起李渔的家庭背景、个人经历以及生平情况。该传集中对李渔的评价相对客观，肯定李渔是一个多才多艺的名士，与同时代的李贽

---

① 董含（大约1630—1697），是17世纪中下半叶著名的学者，著有《莼乡赘笔》，出身权贵之家，熟读五经四书，1661年举进士，与同时代的袁于令（1592—1694）为文坛好友，但袁于令对李渔略微赏识。

② 董含：《莼乡赘笔》，录入《说铃》（卷二），华文出版社，第1021页。

③ 清人关于李渔生平材料的传统介绍，见《光绪兰溪县志》（1888年版，台北1974年再版，卷4，第1299~1300页）。黄文旸等人编《曲海丛目提要》（台北1976年再版，卷2，第995页）。

(1527—1602)①、陈继儒(1558—1639)②这两位晚明最享盛名的名士齐名。这算是当时于李渔较公正的记载了。

李渔在当时实际是非常著名也非常受民众欢迎的剧作家和小说家,像我们现代的流行歌星一样。虽然他的行为方式和商业模式受到当时正统腐儒人士的反感和排挤,但不少名人雅士仍然赏识他,这其中就有钱谦益(1582—1664)、贾汉复(1606—1677)、吴伟业(1609—1672)、尤侗(1618—1704)③、宋琬(1614—1673)、施润章(1619—1683)、顾炎武(1613—1082)④等,这些学者受明清之际新文化运动的影响,或者容易接受新事物、或者能够持容忍理解的态度,对于李渔的作为持相对积极肯定的态度。钱谦益这位17

---

① 李贽(1527—1602),字宏甫,号卓吾又号温陵居士。泉州晋江人,明末杰出思想家和进步史学家。其重要著作有《焚书》、《藏书》、《续藏书》,他主张各从所好,各骋所长,发挥各种各样的人的个性和特长。这些进步的主张,在客观上反映了当时新兴市民阶层自由发展的愿望和要求。

② 陈继儒(1558—1639),明末著名的文学家和书画家。字仲醇,号眉公、麋公。华亭(今上海松江)人。他学识广博,诗文、书法、绘画均所擅长,并喜爱戏曲、小说。所藏碑石、法帖、古画、砚石、印章甚丰。工诗文、书画,书法师法苏轼、米芾,书风萧散秀雅。擅墨梅、山水,画梅多册页小幅,自然随意,意态萧疏。其山水多水墨云山,笔墨湿润松秀,颇具情趣。论画倡导文人画,持南北宗论,重视画家的修养,赞同书画同源。有《梅花册》《云山卷》等传世。著有《妮古录》、《陈眉公全集》。

③ 尤侗(1618—1704),清代文学家。字同人,一字展成,号悔庵,又号艮斋,晚自号西堂老人。江南长洲(今江苏苏州)人。明诸生,入清,为顺治三年(1646)副榜贡生;九年授永平推官,在任三年,坐挞旗丁降调辞归。康熙十八年(1679)举博学鸿儒,授翰林院检讨,参与修《明史》,分擢列传300余篇、《艺文志》5卷。尤侗亦能词曲,著有《百末词》6卷,自称是"《花间》、《草堂》之末";又有《钧天乐》、《读离骚》、《吊琵琶》、《桃花源》、《黑白卫》、《清平调》等杂曲传奇6种,汇入《西堂曲腋》,在当时流传颇广。

④ 顾炎武(1613—1082)明末清初著名思想家,朴学大师(朴学又称汉学、考据学)。江苏昆山人,号称亭林先生。夸大"经世致用"的实际学问,主张把学术研究与解决社会题目结合起来,力图扭转明末不切实际的学风。他提倡"实学"的目的在于批判理学,反对君主独裁政治。顾炎武的学风对清代学者影响很大,主要著作有《日知录》、《音学五书》、《天下郡国利病书》。

世纪五六十年代的江南"文宗",把李渔的小说和传奇置于与当时流传最为广泛的《水浒传》和《金瓶梅》及明朝最伟大的剧作家汤显祖(1550—1616)的剧作品同等地位的高度。其中清初的文学家尤侗晚自号西堂老人,建有西堂草屋,对于李渔《闲情偶寄》中的园林和居室建造思想颇为赏识,加以借鉴。这也是记载的对李渔造物思想借鉴最早的著名人物之一。

在近代中国学者中,李渔被鲁迅骂过"帮闲文人",鲁迅在《且介亭杂文二集·从帮忙到扯淡》中谈论李渔时,说"李渔属帮闲文人";"比上不足,比下有余,有才干的才叫帮闲,没才干的只配扯淡"①。同时鲁迅在他的《集外集拾遗·帮忙文学与帮闲文学》中再次谈到李渔:"历史上的帮闲文学和帮闲文人并不都是一个'恶毒的贬词';文学史上的一些重要作家如宋义、司马相如等,就属帮闲文人之列,而文学史上'不帮忙也不帮闲的文学真也太不多',如果不看这些,就没有东西看;而且,清客,还有清客的本领的,虽然是骨气者所不屑为,却又非搭空架者所能企之。例如李渔的《一家言》、袁枚的《随园诗话》,就不是每个帮闲文人都做得出来的,因为李渔等人确有真才实学。"②鲁迅承认了他的才干,由于两个人所处的时代背景和社会现状的不同,积极投身现代革命的鲁迅无暇顾及无忧闲适的生活,也只能称之为"帮闲"之流了。

林语堂在他的《生活的艺术》中提及李渔可任戏剧作家、音乐

---

① 鲁迅(1881—1936),中国现代伟大的文学家、思想家和革命家。原名周树人,字豫才,浙江绍兴人。出身于破落的封建家庭。青年时代受进化论思想影响。一生著作惊人,著有《摩罗诗力说》、《文化偏至论》、《狂人日记》、《呐喊》、《坟》、《热风》、《彷徨》、《野草》、《朝花夕拾》、《华盖集》、《华盖集续编》、《阿Q正传》、《故事新编》;主编了《国民新报副刊》(乙种)、《莽原》、《奔流》、《萌芽》、《译文》等文艺期刊;热忱关怀、积极培养青年作者,大力翻译介绍外国进步的文学作品和绘画、木刻;搜集、研究、整理了大量中国的古典文学,批判地继承了祖国古代文艺遗产,编著《中国小说史略》、《汉文学史纲要》,整理《嵇康集》,辑录《会稽郡故书杂集》、《古小说钩沉》、《唐宋传奇集》、《小说旧闻钞》,等等。

② 杜书瀛:《李渔美学思想》,中国社会科学出版社1998年版,第333页。

家等六个家。林语堂在谈到《闲情偶寄》这本书时说:"李笠翁的著作中,有一个重要部分,是专门研究生活乐趣,是中国人生活艺术的袖珍指南,从住室到庭园、室内装饰、界壁分隔到妇女梳妆、美容、施粉黛、烹调的艺术和美食的系列,富人穷人寻求乐趣的方法,一年四季消愁解闷的途径、性生活的节制、疾病的防治……"这里,林语堂先生首次作为近代的著名文人提到李渔造物设计"住室、庭园、室内装饰",可见他的生活艺术化的形式被林语堂先生所接受。

毋庸置疑,周作人的一些小品,诸如吃茶、学画、说竹、谈鸟此类,表现出他柔婉如水的审美情趣也颇具李渔式的闲情逸致。

周作人在《生活的艺术》一文中所揭示的真谛:"把生活当作一种艺术,唯美地生活。"李渔的《闲情偶寄》文字清新隽永,叙述娓娓动人,读后留香齿颊,余味道无穷。周作人先生对此书推崇备至,认为本书唯一缺憾就在于没能涉及老年生活,"否则必有奇文妙论。"总之《闲情偶寄》不仅影响了周作人、林语堂、梁实秋等一大批现代散文大师,开创了现代生活美之先河,而且对于现代设计学仍有极大的借鉴价值。此外,作家孙楷第、胡梦华、顾敦柔、朱华润等,园林学家和建筑学家童寯①、陈植②、陈从周等对《闲情偶寄》十分推崇③。

朱光潜先生曾在《论小品文》中说:"我常觉得文章只有二种,

---

① 童寯(1900—1983),字伯潜,辽宁沈阳人,1921年进入北京清华学校就读,1925年入大学科,并于同年公费送美国宾夕法尼亚大学建筑系就读,获硕士学位。建筑师、建筑学家、建筑教育家,与吕彦直、梁思成、刘敦桢、杨廷宝合称"建筑五宗师"。在园林方面也卓有成就,著有《江南园林志》。童寯的作品遍布上海、南京一带,主要有:南京国民政府外交部大楼、上海大上海大戏院、南京孙科住宅、上海金城大戏院、南京地质矿物博物馆。

② 陈植(1899—1989),著名林学家,造园学家,南京林业大学教授,字养材。1899年6月1日出生,上海崇明人。是我国杰出的造园学家和现代造园学的奠基人,与陈俊愉院士、陈从周教授一起并称为"中国园林三陈",编著有《造园丛书》、《造园学概论》。

③ 杜书瀛:《李渔美学思想》,中国社会科学出版社1998年版,第333页。

最上乘的是自言自语,其次是向一个人说话,再其次是向许多人说话。"李渔的小说,无疑具有这样的品质,并且在审美上足以与《红楼梦》媲美。在文学上抵达如此境界,明清文学诸子当中,唯李渔而已。

南京大学中文系俞为明教授著的《李渔评传》从现代的角度评述了李渔作为一个多才多艺的文学家,从其戏曲、小说、诗文、史学、园林、养生、饮食等方面的著述与成就做了深入的考察与研究。在借鉴了前人研究成果的基础上,对李渔的思想提出了诸多自己的见解,强调了百花齐放、兼容并蓄的理论。

中国社会科学院的杜书瀛教授著的《李渔美学思想研究》从现代美学的角度对李渔的戏曲美学、园林美学、仪容美学作为研究对象,全面阐述了李渔的美学思想的精华,并做了细密的、颇有见解的理论分析。作者以历史发展的眼光,实事求是地评价了李渔在上述三个领域对前人的继承和他独自的贡献。这是最为接近本书的研究成果。

江苏省李渔研究会会长赵文卿先生通过多年的考证后,认为在文艺及社会科学方面,李渔兼多个"家"于一身:戏剧理论家、剧作家、导演、小说家、散文家、诗人、词学家、音韵学家、文艺评论家、史论家、音乐家、书法家、篆刻家、画家、编辑家、出版家、广告学家、服装设计师、美容师、装饰艺术家、美食家、造园艺术家。连同非文艺领域的饮馔家、养生家……使李渔达到33个"家"的惊人之数。"单单从广度上来说,比李渔更多面的也许还有人在;单单就某一面来比较,比李渔更有深度的也大有人在。但是,兼顾广度与深度,就我目前的考证来讲,世界上仅有李渔一人。"①此番评价虽然略嫌片面,但也表达了世人对李渔成就的认可。

有专家称,从中外比较研究的角度入手来研究李渔是一种常用的手法。如有学者将李渔的"结构第一"的思想同亚里士多德的戏剧布局观进行比较,认为李渔"结构第一"的思想兼及思想内容和

---

① 本文载于《金华日报》2008年1月15日版。

艺术形式，较之亚氏侧重于形式的戏剧观更为全面。

有专家比较了莎士比亚的戏剧《李尔王》和《罗密欧与朱丽叶》与李渔的小说《败纲常》与《合影楼》，认为二者从情节、结构乃至细节方面，均存在惊人的相似之处。这种看似偶然的现象实际包含着许多相同的历史内容和文化意蕴，通过对这两位名家的对比研究，不仅可以洞悉中西方不同审美取向和艺术追求，而且能够窥见近代思想意识在中西不同背景下的萌生。日本学者冈晴夫认为，《李笠翁十种曲》在日本江户时代流传甚广，原因大概是"李渔的戏曲和《歌舞伎》在本质上是一脉相通的，是在'娱乐'的世界游玩的戏曲"。

但也有学者认为，李渔是商人和知识分子的"化合物"，其风格的养成实是迫于情势需要。李渔思想的中心是他个人的现世享乐主义，正是这一点更加严重地决定了李渔思想、性格、为人和事业上的糟粕、庸俗的一面。这一点，我们在认识李渔的过程中也应当分别对待。

清华大学美术学院博士后邱春林的论文《设计生活——李渔设计艺术的宗旨》中认为，李渔的设计宗旨就是依据自己的个性和才情，设计具有诗画意境的生活环境，为生命增添情趣。他的设计具有整体意识，强调实用和娱情的结合，追求"妙肖自然"的设计美学，并提出了"因地制宜"、"浓淡得宜"等工艺法则。这是同本书观点最为接近的一篇论文。稍微遗憾的是，该论文仅有 3000 字左右，由于篇幅的限制，许多观点仅是一带而过，没有进行系统深入的分析和论证。

综合国内的研究现状，特别是近 20 年来，研究李渔的文章至少有上百篇之多，这从另一个侧面反映了人们对李渔的重视。然而仔细研究后不难发现，目前大家对于李渔的研究多数集中在其戏曲、小说、杂文等文学领域。而作为一个真正儒家意义上的博学多才的学者，除了文学，他还撰文建筑、家居、家具、饮食、卫生、娱乐、园艺、舞台、仪容、服饰、表演等，基本涵盖了我们当今设计艺术学领域(除动画数码以外)的绝大部分学科。据笔者考论，少有对其造物理论及其设计思想方面有比较深入研究的文章及著述。唯在研究李渔方面卓有成就的杜书瀛教授从美学的角度称李渔为中国古代最杰出的戏曲美学家、园林美学家和仪容美学家之一①。而从现代设计学的角度来研究李渔造物理论和设计思想的就绝无仅有了。

(二) 国外研究现状

李渔文学名声在中国的清代甚至于当今受到不公正的对待，但他的小说和戏曲在日本和欧洲却获得重视，被称为中国文坛奇人，赢得高度的赞赏。其著作早年流传于国外，被译成日、韩、英、德、法、俄等多个国家的文字，海外的影响远远大于国内的影响，李渔的著作已被收藏于世界各地几乎所有重要的图书馆中，已被许多不同民族、肤色、语言的人们所喜爱和阅读。同样，李渔及其作品为国外众多专家学者所关注，其研究成果在国际学术界也占有相当的地位。

作为近邻的日本，李渔对其的影响首当其冲。早在明治时代，日本学者世川种郎(临风，1870—1949)就在所拟的《支那文学大纲》中对李渔作了专章叙论。作为全世界各种语言当中第一部关于中国小说和戏曲的通史《支那小说戏曲小史》，1897 年出版于东京的大日本图书株式会社，其中就有对李渔小说和戏曲的较长篇幅的讨论。② 世川种郎十分赞赏李渔的剧作《十种曲》与小说《十二楼》的情节、主题和他那通俗流畅、明晰生动的语言。他认为李渔是清代最有成就的四大名士之一。③ 1903 年久保天随(1875—1938)出版于东京的巨著《支那文学史》，和世川种郎一样，他给予李渔极高的评价。日本汉学权威盐谷温(1878—1962)于 1919 年出版《支那文学概论讲话》，这部著作至今为止在日本是认识研究中国古代文学史最重要的参考书之一。盐谷温在书中高度评价了李渔的戏曲

---

① 杜书瀛:《李渔美学思想》,中国社会科学出版社 1998 年版, 第 335 页。

② 世川种郎:《支那小说戏曲小史》,大日本图书株式会社 1897 年版, 第 135~147 页。

③ 世川种郎认为《红楼梦》的作者曹雪芹、《桃花扇》的作者孔尚任、伟大的文学批评家和编撰人金圣叹与李渔为清代四大家。

批评，赞赏《十种曲》的戏曲艺术，将李渔的《十二楼》列为与《红楼梦》和吴敬梓的《儒林外史》并列的名著。从此，在日本的对于中国文学的研究中，李渔在中国文学史上的地位得以确认。他的剧作《风筝误》和小说《无声戏》等一些重要作品被译成日文。日本国内的文学权威如长则规矩也、内田全之助、前野直彬、早稻田大学教授目加田诚、京都大学教授小川树木正儿等，都承认李渔在戏曲理论、艺术和小说领域取得的瞩目地位和文学成就。在日本的《文学研究》、《日本中国学会会报》、Geibun Kenkyu 杂志、《东方学》、《东洋学集刊》等各大书社和报刊，皆评论了李渔的作品与理论。早在 1975 年，日本的国画大师古原宏伸先生就译注了《芥子园图画传初集》并开始在日本传播。1705 年，日本平凡社和东洋文化协会连续出版了日文版《闲情偶寄》，重点介绍了李渔的园林制造和家具布局及其制造，还介绍了李渔化妆技巧。1975 年在东京出版的《青木正儿全集》的第十卷就是在 1951 年日译本手稿的基础上完成的《芥子园图画传》，影响了日本画界整整一代人。所有这些都对日本园林和日本室内的家具建造产生了深远影响。日本文学史家、东京帝国大学教授青木正儿（1887—1964）在 1930 年出版的《支那近世戏曲史》中是这样评价李渔的作品的："李渔之作，以平易易于人俗，故十种曲之书，遍行坊间，即流入日本者亦多。德川时代之人，苟言及中国戏曲，无不立举湖上笠翁者。明和八年，八文舍自笑所编《新刻役者纲目》中，载其《蜃中楼》第五《结蜃》、第六《双订》二出，施以训点，而以工巧之翻译出之。"①青木正儿还分析了幕府时期李渔受欢迎的情景，日本人谈到中国就会提到李渔。伊藤濑平、冈晴夫都是日本当代最有名的李渔研究家之一，冈晴夫的综评《剧作家李笠翁》、伊藤濑平的《论〈无声戏〉的演变：答大冢秀高氏的批评》，以及他研究比较李渔与曹雪芹的《李渔と曹来，その作品に表われる一面：一爱の相在ぁいるする喜剧と悲剧に就いこの觉书》，都在当代的日本社会产生了巨大的影响。

---

① 世川种郎：《支那小说戏曲小史》，大日本图书株式会社 1897 年版，第 35~36 页。

可见，自 1897 年以来，李渔被日本研究者看做中国历史上一位伟大的文学家，并被日本民众喜爱，足以支撑其在中国文学史上的特殊地位。

在欧洲，李渔作品的中文本早在 1815 年就传往欧洲。在 1815 年，英国的语言翻译学家戴维斯爵士（John Francis Davis，1795—1890）将《十二楼》中的《三与楼》译成英文并由东印度公司出版社出版，题作 *San-Yu-Lou: or the Thre Dedicated Rooms*①。1816 年，同一译作在伦敦的《亚洲研究》（*Asiatic Journal*）上发表。这是李渔作品在欧洲的最早记载。② 1819 年，A. Bruguiere de Sorsum 又根据戴维斯爵士的英译翻译成法文，这样，李渔的作品开始在整个欧洲大陆传播开来。

1826 年，巴黎著名的杂志《亚洲丛刊》（*Melanges Asiatiques，ou choix de morceaux de critique de memoires*）上，法国学者雷摹沙、阿·布日吉埃·德梭松姆（A. Bruguiere de Sorsum）等多人结集出版《中国故事集》（*Contes Chinois*）介绍李渔的小说戏曲。随后，法国汉学家阿贝尔·雷米扎（Abel Remusat）又在巴黎德东戴·迪普雷佩尔与菲斯东方书店出版的《亚洲论坛》（*Melanges Asiatiques*）上用法文扼要简介了《合影楼》（*L'ombre dams l'eau*）、《夺锦楼》（*Les Deux Jumelles*）的内容。这样，从 1815 年至 1841 年，李渔的《十二楼》中就有四篇小说被译成英法文发表。这些译作显示出欧洲文学家和学者对李渔的兴趣和欣赏。

1827 年，德文的李渔作品《中国小说选》（*Chinesische Erzahlungen*）由米歇尔森·U 公司分别在莱比锡和庞蒂奥出版，其中关于李渔作品的介绍占了极大的篇幅，揭开了李渔作品在德国传播的序幕。1914 年，德国人鲁德尔施贝格尔（H. Rudelsberger）的两

---

① J. F.. Davis 译，*San-Yu-Lou: or the Thre Dedicated Rooms. a taletale translated form the Chinese*（《三与楼：一个译自中文的故事》，广州，1851 年）。这本书有 56 页，分为三个部分。

② J. f.. Davis 译，San-Yu-Lou: or the Thre Dedicated Rooms（《三与楼》）。《亚洲研究》（*Asiatic Journal*），Jan.-June，1816：37-41，132-134，243-249，338-342。这是 1815 年译文的重印。

卷本 Chinesische Novellenaus dem urtextubertragen(《中国小说选译》)由莱比锡岛社出版,其第一卷中收录了他自译的 Die Schattenim Wasser(《水中影》,即《合影楼》)和 Die GeschichteVon den Zwillingsschweitern(《一对孪生姐妹》,即《夺锦楼》)。这些书主要介绍了李渔的戏曲文学成就。

1879 年和 1882 年,意大利传教士安杰洛·佐托利(Angelo Zottoli 在清代来华,取汉名晁德莅,1826—1902 年用拉丁文编译了李渔的剧本《奈何天》(Ineluctabile Fatum)、《慎鸾交》(Cavens Maritall Conjugio)和《风筝误》(Perflatilis Cytharae Aberratio),并由当时的上海长老会印刷所(Shanghai Missions Catholicae)出版。这也是拉丁文传播李渔作品的开端。在随后的《亚洲杂志》(Journal Asiatique)、巴黎的嘎利玛德都相继出版了李渔的《比目鱼》法文版 Les Deux Solles ou Auteur Par Amoure、《中国戏剧》(Le Theatre Chinois)、《十二个中国故事》(Douze Contes Chinois)等。

1940 年,德国近代汉学界奇才弗兰茨·库恩(Franz Kuhn,1884—1961 年)译出了李渔的《合影楼》(Der Turm de verliebten Schemen)、《归正楼》(Der Turm Der Reuigen Einkehr)、《夏宜楼》(Der Turm des Sommerlichen Wohlbehagens)、《生我楼》(Der Turm de Wiedergeborenen Ich)、Die Dreizehnstokkige Pagode:Altchinesische Liebesgeschichten(《十三层塔》)、《肉蒲团》英译本 The Prayer Mat of Flesh(《祈者之肉垫》)等多部书籍,发表于 Ostasiatische Zeitschrift 期刊上,或由纽约出版社出版。

还有一位来自德国的当代汉学家黑尔默特·马丁(Helmut Martin)于 1966 年完成论文 Li Yu-weng uber das Theater(关于李笠翁的戏剧);1970 年,他主编了有史以来的第一部《李渔全集》,由台北成文出版社有限公司印行。为李渔文学在德国的传播立下了汗马功劳。

1951 年,美国的裘开明(Kai-ming Ch'iu)的报告《Mustard Seed Garden Painting Manual:Early Editions in American Collections》(《芥子园画传:美国收藏库中的早期诸版本》)发表在 Archives of the Chinese Art Society of America(《美国的华夏艺术学会档案》)杂志上,可见在美国也较早地收藏有一些李渔著作的书画作品,并加以模仿

和学习。

在当代，研究李渔作品最重要的专家当属现任哈佛大学的中国文学教授兼东方文化系主任帕垂克·韩南（Patrick Hanan）莫属。他是《李渔》、《恨海》、《海中石》的英译者和《金瓶梅》的研究者。他在美国介绍了大量关于中国古代文学的作品。他的 The Chinese Vernacular Story（《中国的语体故事》）发表于《哈佛东亚杂志》（Arvard East Asian）总第 94 期、The Invention of Li Yu（《李渔的创作》）由哈佛大学出版社出版、《无声戏》（Silent Operas）由仁迪腾出版社出版、The Carnal Prayer Mat（《肉蒲团》）由纽约波尔兰厅书系公司出版。韩南认为，以往学界对李渔只重视其戏曲理论和戏曲创作的研究局面是远远不够的。韩南肯定了李渔作为一个重要小说家的地位，他认为，在中国所有的小说家中，唯有李渔有完整的小说集传世，他留下的材料比曹雪芹、吴敬梓等人都多，且涉及许多不同领域，不仅是诗词和戏剧，也包括园林、家具器物制造、服饰美容等，是在中国文学中难得的可进行全面研究的集大成者。同时，他也高度评价李渔在园林及家具器物制造方面的成就。

在美国也有其他学者研究介绍李渔的作品如：埃瑞克·亨利（Eric P. Henry）的代表著作 Chinese Amusement：The Lively Plays of Li Yu（《中国人的娱乐：李渔的充满生气的演出》）由汉登的修丝缀影出版社印行；凯司（McMahon Keith）在荷兰的 T'oung Pao（《通报》）上发表了长篇专论 Eroticism in Late Ming, Early Qing Fiction：The Beauteous Realm and The Sexual Battlefield（《明末清初小说中的色情：美的领域和性的战区》）和他的新作 Causality and Containment in Seventeenth-Century China（《17 世纪中国的诱因与抑制》）在荷兰的雷登大学出版。1988 年，美国耶鲁大学出版了艾力森·哈迪克（Alison Hardic）从中文译成英文的 Craft of Gardens（《园林匠艺》），主要介绍了中国古典园林的制作方法，其中以较大篇幅介绍了李渔的造园理论。今在美国宾州州立大学任"伙伴教授"的刘康（Kang Liu）撰写了《身体的观念形态：读中国观念小说〈肉蒲团〉和新儒家的心学》（Ideologies of the Body：Readings of the Chinese Classic Novel The Carnal Prayer Mat and the Neo-Confucian Philosophyof the Heart）、

Discourse of the Body and Sexuality: *Neoconfucianism and Eroticism in Ming Culture*(《论述身体和性：明代文化中的新儒学和色情性》)等多篇有关李渔的文章发表在 *Tamkang Review*(《谭亢评论》)上。以此为契机，他发表了几十篇英文写作的关于中国文学的论文和七部书，其中绝大多数是介绍李渔的著作。

李渔作品被译成俄文则稍晚。前苏联汉学家沃斯克列先斯基据1947年亚东图书馆印行的版本翻译了《十二楼》的全部十二个故事，俄文本于1982年出版于莫斯科，题名为《失而复得的珍品——19世纪中国小说》。

1967年，苏联列宁格勒大学的玛丽诺夫斯卡娅(Малиновский Т. А.)在《亚非国家的历史语文学》上发表了《〈闲情偶寄〉中国戏曲论著》一文。沃斯克列先斯基(Д. Воскресенский，汉名华克生)的论文《中国文化(16至18世纪)中的"奇人"及个性的作用》登载于1970年的《高等院校的东方文学史学术会议论文集》。他的 Этико-Философские Концепции Лиюя(《李渔的道德与哲学观念》)，刊登在 Вопросы Далънег Востока(《远东问题》)1985年第1期上。苏联杰出的东方学家李福清(Б. Л. Рифтин，生于1932年)是以汉学、亚洲文学研究为主的硕果累累的研究员。1983年他在《世界文学通史》一书第四卷中全面介绍论述了李渔的小说作品，为中国文学的传播打下了基础。

以上重点介绍了李渔文学作品的传播。除文学作品外，李渔的其他著作在国外也受到高度重视。其重要的文学理论、美学、营造学、饮食学综合的专著《闲情偶寄》在国外有多种分章译本。1940年，德国人艾伯哈德(W. Eberhard)将该书以 *Die Vollkommen Frau*(《范美女人》)为名连载于《东亚杂志》(*Ostasiatische Zeitschrift*)第3、4期上。艾伯哈德还将《闲情偶寄》的《饮撰部》译成 *Die Chinesische Kuche*(《中国烹饪》)，刊登于1940年的《汉学》(*Sinica*)第15期上。德国有名的服装设计家狄柏·斯佩色也曾将《闲情偶寄》一书的一部分译成德文的 *Chinesische Geisteswelt*(《华式姿仪》)，于1957年在巴登巴登出版，介绍李渔的服饰美容美学。1983年，爱德文·毛瑞斯(Edwin Morris)的 *The Gardens of China*：*History*，*Art*，*and*

Meanings(《中国花园的历史、艺术和含义》)一书,由纽约的查尔斯·斯克瑞波父子公司出版,书中引介了李渔的园林建筑思想及其园林美学思想,以帮助美国人理解中国的古典园林精髓。1943 年,哈梅尔(A. W. Hummel)在华盛顿出版了 *Eminent Chinese of the Ch'ing Period*(《清代中国闻人》)。重点介绍了李渔的原理及器物制造的理论和艺术思想。

另外,作为李渔绘画最重要的作品《芥子园画传》在西方国家流传甚广。1912 年在荷兰出版的 *T'oung Pao*(《东方学的通报》)第 13 卷、1937 年的第 33 卷上大量引用该书中的图画。1918 年出版于巴黎的 *Encyclopedie de La Peinture Chinoise*(《中国绘画百科全书》)设立了佩初兹(R. Petrucci)撰写介绍《芥子园画传》专栏。同年,查日尼斯(E. Charannes)与佩初兹还在法文的 *Encycl-opedie Journal Asiatique*(《亚洲百科杂志》)第 6 期上著文论述了李渔的画谱,介绍中国清代的美术技法。在 1935 年,《芥子园画传》在日本东京全册出版。由 Mai-mai Sze(美美施)翻译的《芥子园画传》的英文版 *The Tao of Painting*,于 1956 年在纽约出版。全书共两大本,属《波林根丛书》(*Bollingen Series*)的第 49 种。至今巴黎的现代东方语国际学院的同德堂还刊印过李渔的《资治新书》。1959 年,凡黑肯(J. L. Van Hecken)和格茹太厄思(W. A. Grootaers)合著了 *Monumenta Serica*(《不朽之作》),书中介绍了李渔的园林美学思想。

作为近现代最有成就的西方研究李渔的文学家,张春树①

---

① 张春树,出生于山东,后入台湾大学历史系,毕业后入"中央研究院"史语所工作。20 世纪 50 年代到美国哈佛大学深造,现执教于美国密歇根大学。治学专长政治史、军事史、社会经济史、文学与思想史、边疆史、民族史、法律史、考古与人类学、科技史。主要学术专著有 Nation State, and Imperialism in Early China, ca. 1600 B. C. -A. D. 8(2007); Frontier, Immigration, and Empire in Han China, 130B. C. -A. D. 157 (2007); Rede-fining History(与骆雪伦合著,1998); South China in the Twelfth Century(1981); War and Peace with the Hsiungnu in Early Han China(1980); The Han Colonists and Their Settlements on the Chu-yen Frontier(1966);《汉代边疆史论集》(1975);《国史、国学与国家——浅释明初清华国学研究四位四家之思想与史学》(2006)等十余部。

(Chun-shu Chang)和骆雪伦①(Shelley Hsueh-lun Chang,汉名骆雪伦)于20世纪60年代晚期撰写了 *Litterature and Society in Ming-Ch'ing China*(《中国明清时的文学和社会》)。后两人全力转入李渔研究,1981年在加拿大多伦多召开的亚洲研究学会第33届大会上,公布 *The Literature and Society in Seventeenth-Century China：Pu Song-ling, Kong Shang-ren, and Li Yu*(《17世纪中国的文学与社会——蒲松龄、孔尚任和李渔》)一文。1992年,两人合著完成了 *Crisis and Transformation in Seventeenth-Century China：Society, Culture, and Modernity in Li Yu's World*(《17世纪中国的危机与变革：李渔时代的社会与文化及其"现代化"》)②,由美国密歇根大学出版社出版,后在2006年译成中文,2008年由上海古籍出版社再版。作者称:"我们的主要目的首先是了解李渔本身和他的时代,然后在广度和深度上探索在他的小说、戏剧、特别是在他的散文中所反映的那一时代的政治、社会、经济和他写作的一般的文化条件。"作者观察的视野开阔,断断续续用了20多年收集相关史料,

---

① 骆雪伦,又名雪莱,原籍广西容县。台湾大学历史系毕业,毕业后入"中央研究院"史语所工作。20世纪50年代到美国哈佛大学深造,现执教于美国密歇根大学历史系、中国研究中心。治学专长于中国古代宗教、明清社会史、民族史和文学史。主要成就有 *Theater and State in Seventeenth-Century China*(与张春树合著,1998); *Crisis and Transformation in Seventeenth-Century China*(与张春树合著,1992); *History and Lengend：Ideas and Images in the Ming Historical Novels*(1990);《风车集》(1971);《中国古代的祀火》(1956)等。重要的中英文论著有《尘中明镜:洪昇〈长生殿〉中之历史、思想与宗教世界》(与张春树合著,英文,1997)《李渔戏剧小说中所反映的思想与时代》(1975)、《从曾国藩和魏源的经世思想看同光新政》(1967)等三十余篇。

② 此书曾获美国第一权威之书评杂志《精选》(Choice)所评的"当代杰出学术著作奖"(Outstanding Academic Title of the Year)。《亚洲史学》(*Journal of Asian History*)曾评论:李渔是一位奇才,他一生专长于戏剧创作与表演、诗文、医学、园艺学及机械工程,同时又是史学家、法学家、出版家、书商等。所以要全面研究李渔这个奇人的一生非具百科全书之学识是不能竟工的,但是今日张春树与骆雪伦之专著却是这样包罗百科的完全之书,可见评价是多么之高。

甚至包括旧招贴、叶子牌、漫画书等。作者认为，"我们对16、17世纪中国文献资源的利用不仅在数量上别无前例，而且在我们之前，大多数文献从未被别人系统地在中国的历史和文明的研究上用以探求。"这是一部从新的角度来研究李渔及其作品所处时代的著作，是迄今国外较系统完整地研究李渔及其作品的专著之一。

由上可以看出，中外的学术界对李渔的研究主要侧重于其文学、戏曲、小说，也有涉足于美学、营造学的，但主要是方法的简介。大概后来也有西方近代的理论家对李渔的园林有些介绍，但也仅停留在对其器物的介绍上，以迎合大众的胃口。从现代设计学的角度来审视和评价的很少，几乎没有，侧重于对李渔造物思想的研究更是绝无仅有。实际上李渔也是一个重要的造物艺术家，他的研究范围涉及许多不同领域，是在中国艺术界中难得一见的集大成者。《亚洲史学》(Journal of Asian History)曾这样评论李渔：李渔是一位奇才，他一生专长于戏剧创作与表演、古今体诗文与评论、医学、园艺学及机械工程，同时又为史学家、法学家、出版家、书商等[①]，也是世界上现代对李渔中肯评价的代表之一。

二、研究目标、研究内容

(一) 研究目标

在我国的古代设计史上，李渔是少有的全才，不仅在戏剧、文学、养生、饮食等方面卓有成就，而且在器玩、居室、园林、修容设计方面也有突出的贡献。本书是在研读李渔文集的基础上，提炼其造物思想并与其所处的社会环境相结合，通过对李渔生平、著述，特别是其造物方面的诸多成就进行历史的考察和分析研究，吸取其造物思想的精髓。笔者认为，造物活动是一种社会活动，而其

---

① 摘自《亚洲史学》(Journal of Asian History)发表的评论 Crisis and Transformation in Seventeenth-Century China: Society, Culture, and Modernity in Li Yu's World(《明清时代之社会经济巨变与新文化——李渔时代的社会与文化及其"现代性"》)。

价值在于造物者在生产生活中感触到某些集合能量和活力后，利用文字的表达和行为的释放表现出来的。所以，笔者的研究会将李渔置身于当时的历史、文化、社会的大背景之下，探讨其在造物活动和造物思想之间的复杂关系，同时又通过他造物的过程、作品、思想、行为来描绘其所处的社会和文化的各个方面。李渔的著述和造物活动综合起来向人们展示了一幅经历革命性转变的社会的生活图像，既独特又具有代表性。17、18世纪，李渔造物思想可以被看做浪漫主义的萌芽，而同时期的西方，巴洛克主义及古典主义洛可可主义盛行，直至18世纪上半叶至19世纪下半叶浪漫主义才开始风行。通过对李渔造物思想的研究，说明中国古代造物设计的历史是有别于西方，同时与西方呈平行发展的两条路线。同时，对于李渔的造物思想对当代设计活动所具备的现实启迪和借鉴作用，本书也将重点论述。

(二) 研究内容

本书依据文献资料和实物考证的具体内容进行归纳，并按逻辑顺序依次整理出以下七个专题：第一，对李渔所处历史时代及其《闲情偶寄》产生时的经济、政治、文化背景进行介绍。包含李渔的个人生平、著述与李渔的闲人文士世界。第二，介绍了李渔一生所设计的造物活动以及李渔所处时代的造物艺术发展，重点对李渔的造物思想特征进行了全面的阐述。第三，李渔造物的自然生态观。对于李渔造物活动中的人工造物与自然之道的生态观、以人为本与自然和谐的哲学观以及"天人合一"的造物思想及其理念进行了系统的论证。第四，李渔造物思想的功能观。对李渔造物"置物但其适用"、"物以为用"的功能至上观进行剖析。第五，李渔造物思想的审美观。对李渔造物的崇尚技艺、精于形态、归本自然、造物唯美的造物审美观进行剖析。第六，李渔造物的娱乐思想。对李渔造物所体现的以新奇为乐、以性情为乐、以赏心为乐的行乐造物思想形象进行剖析，阐述李渔造物思想对传统儒家"礼"文化的继承与对传统禁欲主义思想的突破。第七，李渔造物思想的综述及其对当代设计艺术与生活态度的启示。

(三)拟解决的关键问题

本书研究的宗旨：从现代设计学的维度，重点侧重对李渔诸多造物活动及其造物艺术思想的内涵研究，提取李渔造物思想中"艺术生活化"及"生活艺术化"这一艺术思想的精髓。拟解决的关键问题有三个方面：第一是传统史料及物证，包括对具有真实性与高度学术性的传统资料的收集，对李渔留存的遗作及遗址考证；第二是从现代设计学的维度，通过对李渔著述及造物理论的剖析，并结合李渔的戏曲、文学成就以及李渔所处时代的政治、经济、社会及其生活文明背景，包括同时代的西方造物理论发展现状，从历史的角度对李渔的造物活动及其造物理论进行全方位的比较和研究；第三是李渔造物思想对当今造物设计的启示作用。我国古代几千年的造物实践所凝结的造物思想，承载着我国古代文明连绵不断地向前发展，不仅指导了过去的造物活动，也影响着未来的造物文明。总结李渔的造物理论及造物思想，结合当下的意识形态观和审美价值观，以及当前消费性的社会特征，重点解决生活艺术化和艺术生活化对当今功能性消费与精神性消费矛盾冲突的作用和启示。

(四)拟采取的研究方法、技术路线

1. 研究方法

本书研究主要采用两种研究方法：第一是文献研究的方法，通过研究李渔文献著述资料，离析和诠释出李渔的造物艺术思想。第二是实物考证研究方法，据目前考证，尚未发现李渔所造器物的原型，仅存李渔造伊园、芥子园、层园中的江苏的芥子园遗迹，但对于李渔造物的复原工作，国内外有大量的研究成果，本书将借用这些研究资料，另外在李渔的著述文献资料中有关于器物及居室、园林的营造原理的介绍，也可借此更准确地研究李渔造物思想的精髓。通过研究实物考证，并最终与文献研究结论贯通结合，从美学，设计科学，设计方法学，设计伦理几个角度探讨李渔造物思想的特征，提出李渔造物思想的先进性以及对当代艺术设计的启示。

2. 技术路线

总体上来看关于具体人物的研究方法主要有以下几种：一是按照时间顺序。列举李渔的生平事迹及著述、造物活动等，来研究李渔造物思想形成的成因和成就。二是以具体学科为研究角度。如以人物思想的角度或思想哲学的角度对人物全方位的评述。三是根据人物的成就加以专项研究。李渔一生著述较丰，涉及戏曲、小说、诗文及杂著等，并建有三处园林即伊园、芥子园、层园，现还存芥子园。本书主要依据第三种专题研究方法对李渔的设计成就展开讨论，并结合第二种方法以设计艺术学科的宏观角度进行分析，以透析李渔的造物艺术思想。

三、创新点

创新点一：借助本次研究，通过对我国古代大量文献资料的搜集，特别是对《闲情偶寄》的解读，结合对于李渔本人的生平著述及对其所处时代的政治、经济、社会背景的广泛研究，以李渔的造物思想为代表来分析明末清初时期文人士大夫的生活方式及其造物理论，以期寻求明末清初时期的造物思维和造物方式，结合当代的造物设计和审美特征，归结17世纪中后期我国的造物技艺及造物艺术理论。

创新点二：从现代设计学的维度研究李渔的造物思想。古今中外的专家和学者对李渔的研究主要集中在他的戏曲、文学、诗文及画谱等成就方面，大多从文学、哲学及美学的角度来解读他的作品及其思想。本书依托《闲情偶寄》一书对李渔一生所涉及的造物活动、造物成就和其造物理论进行综合的梳理与论证，从现代设计学理论、设计方法学、设计伦理学和现代的审美角度剖析李渔造物艺术思想，提取李渔造物思想的精髓和其所表现出的现代性特征。这使得我们对李渔的研究更为立体，也为全面透彻地研究我国17、18世纪的造物理论及造物思想提供了客观条件。

创新点三：李渔是中国古代历史上少有的把闲情娱乐思想置入作品的造物家，他倡导的创作之乐、游戏之乐、闲情之乐等思想，既表现了对儒家传统"礼"文化的继承，又表现了对传统禁欲主义思想的反动和超越，具有明显的时代进步性和现代性特征。本书总结李渔造物思想所呈现的"生活艺术化"及"艺术生活化"特征，从"我"的艺术审美的趣味出发，强调置物造器与自"我"实现的完美结合，从而形成了一种现代意义上的造物艺术思想，以及这种思想对我们当代社会生活和造物设计的借鉴与启示。

李渔是具有国际性影响力的人物。他在世时已名扬四海，他的影响早就走出了国门，蜚声海外。他的著作被翻译成日、英、俄、德、法等多种文字并广泛传播，其集文学理论、美学、营造学、饮食学为一体的综合性专著《闲情偶寄》在国外有多种分章译本。其戏曲成就在世界上可与莫里哀媲美，有关于文学批评的手法基本和古希腊哲学家亚里士多德(公元前384—前322)的不朽诗作《诗学》中提出的标准相符①，甚至有过之而无不及。

由于李渔杰出的文学和艺术成就，以及国内外众多专家学者的推崇、译介与批评，李渔及其作品已成为世界文化的共同财富。所以从艺术设计学科的角度来认识李渔、研究李渔的造物思想负重而致远。

第二节 中西设计史中的"设计"

一、中国古代造物设计思想："功能至上"及其他维度的缺失

造物活动，是指取材于自然，施之于人工改变其性状乃至使其具有某种功能的过程。造物一方面涉及人们对自然的取舍，另一方面涉及人们对生活的态度。有造物便伴随有设计，有设计便有设计思想。我国古代的造物活动可以追溯到远古的石器时代，无论是石器、木器、骨器、玉器、陶器还是接近近代的金属制器等，无不真

---

① [美]张春树、骆雪伦：《明清时代之社会经济巨变与新文化》，王湘云译，上海古籍出版社2008年版，第17页。至于亚里士多德的《诗学》及其批判手法，可见 Richard McKeon 等人著作 Introduction to Aristotle(《亚里士多德介绍》，New York, 1947)第630~667页。

第一章 绪 论

切地反映了我国古代人类文明的结晶以及人类文明的物化呈现，反映了我国古代不同历史时期的民族文化特征，以及不同历史时期人类生活思想和行为的变迁。循照生活的希望而对造物的形式、功能和制造工艺及其过程的预谋，是人类自远古以来的一种持续的人工行为，这种行为便是造物，也就是我们近代所说的设计。由于历史局限、社会背景、文化传源以及原材料的加工工艺的影响，我国古代不同历史时期造物者的行为思想客观反映了不同时期的社会需求及社会文明。

如果说文明大体可以分为文化和器物，那文化即是"道"，器物是"器"，对于不同的文明背景，造物设计即是"道"与"器"的有机连接。"道"是一种虚灵不居的尤物，造物的灵魂，因而"道"处于造物活动的顶端，引导整个设计活动，造物活动处于"道"的底部。器物之"器"是一种可视可见、可具体感知的实体，它须由造物活动来预见，由其引导，为之制约。故造物活动位于"器"之顶端。造物活动的这一兼容性和媒介特征，成为文化与器物的有机载体。"技以载道"、"技近乎道"成为造物设计活动自古以来的核心思想。

器物当为人所用，人亦不被器物所制。即"用物亦不被物类"，是自古以来人们对待器物的根本观念。"不役耳目，百度惟贞。玩人丧德，玩物丧志。志以道宁，言以道接。不作无益害有益，功乃成；不贵异物贱用物，民乃足。"①耽于物而被物所累是为古人所不齿和丧失心智的行为。因此，对待器物的基本态度是"不贵异物贱用物"。器物是为人所用，而不是财富的象征。道家人曾著书曰"不以身假物"、"不与物交"、"不以物累"、"不以物挫志，不以物害己"。言下之意，物当其所用，器物的价值在于功能而不在于器物本身；墨子在其《墨子·非乐》中云"仁之事者，务必求兴天下之利"……"以发乎天下，利人乎，即为；不利人乎，即止。""墨子为木鸢，三年而成，蜚一日而败。弟子曰：'先生之巧，至能使木鸢飞。'墨子曰：'吾不如为车輗者巧也，用咫尺之木，不费一朝之

---

① 《尚书·周书·旅獒》，选自《四库全书》经部三，第369页。

事，而引三十石之任致远，力多，久于岁数。今我为鸢，三年成，蜚一日而败。'惠子闻之曰：'墨子大巧，巧为輗，拙为鸢。'"①墨子历时三载用木头做了一只鹰"一日而败"，即曰，吾不如为车輗者巧也。墨子为当时之能工巧匠，亲手制作大量的器械，但注重"实用为上"，"不实用为拙"。韩非子讲究规矩为度，是实用和功利的代表，堂溪公谓昭侯曰："今有千金之玉卮，通而无当，可以盛水乎？"昭侯曰："不可。""有瓦器而不漏，可以盛酒乎？"昭侯曰："可。"对曰："夫瓦器至贱也，不漏可以盛酒。虽有乎千金之玉卮，至贵而无当，漏，不可盛水，则人孰注浆哉？"②可见美和功利是韩非子思想的核心，他认为，功利是决定事物价值的根本。秦始皇的"书同文""车同轨"为韩非子的标准化功利式生产奠定了基础。管子亦曰"古之良工，不劳其智以为好玩，是无故无用之物，宋法者不生。"③法家思想虽然在形式上有所偏颇，但他强调功能性并提倡遵守法规的观点值得今天的我们深思。由此可见，古人造物之思想，莫不将器物之所功与利人置于首位。

然道家的思想"道法自然"、"无为而无不为"阐释了造物活动无需刻意而为之，要顺应自然，自然天成，体现了"天人合一"的哲学思想。儒家讲究"中庸"之道，孔子曰："质胜文则野，文胜质则史。文质彬彬，然后君子。""质"为内，"文"为外，以人知物，既要讲究内在的本质内容、材质功能，也要注重外在的造型样式、色彩花纹。二者协调统一为"恰到好处"。"技以载道"、"尊五美，屏四恶"的中庸思想，即造物对"技"的崇尚慕拜同时也要自觉表现对"人"的尊重，对我国古代造物的思想产生了深刻的影响。《考工记》倡言"知者创物"，将工匠和"圣人"联合在一起谓之"造物者"，极大地提高了造物者的地位。"天有时，地有气，材有美，工有巧，合此四者，然后可以为良。"对造物的品质、器物与文化、设计与时尚有了如此深刻的认识，揭示了造物

---

① 摘自《韩非子·外储说左上》。
② 摘自《韩非子·外储说左上》。
③ 摘自《管子·主辅第十》。

与文明的演进关系。

从秦汉到隋唐的魏晋，分裂动荡的社会局面造就了文化与艺术，特别是宗教文化的繁荣。其造物强调人物品格和个性的流行。谢赫"六法"树立了当时的艺术标准，对当时的造物理论发展有重大的意义概括。刘昼提出了"物有美恶，施用有宜。美不常珍，恶不终弃"原则，从器物的设计制造、运用角度论美丑的具体性和相对性，其思想重点着眼于效用，强调"先质后文"，把质美放在第一位，形美放在第二位，质美曲和，方能动目惊耳。把注重效用的造物观看做一个亘古不变的指向。

从隋唐到宋元，国力强盛，社会极度繁荣，在文化、学术、科技和制造工艺等方面，均取得了辉煌的成就，这一阶段，造物水准空前提高，无论在造物技术还是生产规模上，都达到了历史最高水平。特别是与西方的频繁交流，使西方的思潮和技术也对这一时期的造物活动产生了一定的影响。朱熹的"格物致知"思想是对儒家思想的深化，进一步发展了重形而上之"道"，轻形而下之"器"的思想。郑樵认为："《礼图》者，初不见形器，但聚先儒之说而为之。是器也，姑可以说义云耳。由是疑焉，因疑而思，思而得古人不徒为器也，而皆有所取象，故曰'制器尚象'。"奠定了器物设计和制造方面的象征性功能(精神需求)的基础。象征性既是功能的需要，又是欣赏的需要，它决定了造物工艺创造时象征性的造型和装饰。沈括的《梦溪笔谈》记载了大量的造物方法和造物原理。宋代造物设计领域中的一个革命性的突破是以立法形式出现的规范《营造法式》和《梓人遗制》两部巨著，使得当时的造物活动规范化、标准化和体系化。这两本书构建起了当时社会造物活动较为完备的理论框架体系，是当时人文思想和技术思潮高度融合的具体体现，在我国古代造物史上具有里程碑式的贡献。当然，这两本书记录得更多的是实用的造物理论和方法。

进入明清时代，随着社会城市化的高度发展，整个社会群体总体呈现出市民性质，市场经济的特性也被放大开来。明清时期在造物设计思想上继承和发扬了唐宋的风格特征，但也较突出地表现出思想文化对造物设计的引导和影响。

第二节 中西设计史中的"设计"

著名学士代表王艮提出"百姓日用即道"①的造物思想，其内在的自然主义和追求自由的精神，为造物历史由重"礼"转向了重"人"的回归奠定了坚定的哲学基础。② 而此造物思想即为"人"设计的繁荣。社会思潮的变革和人本思想的涌现，西方文明的传播和交汇等，直接导致了造物设计和思想的多样化和生活化。明清瓷器、家具、玉器、漆器、明清建筑、园林等闻名天下。涉及造物理论的名著《天工开物》、《园冶》、《长物志》、《髹饰录》、《闲情偶寄》、《工程做法则例》等盛世空前。明代早期造物"天工"与"人工"、"道"与"器"的完美融合与明晚期和清代造物的富丽华贵、奢靡繁琐共同孕育了我国古代造物思想转向近代工艺美术学或者设计美学思想的萌芽。

综上所述，我国古代造物思想的主要特征，以"武王伐纣"为标志的"天命不惟常"的思想观念的确立，既是德行取天命而代之的端起，也是智者造物的端起。在接下来的几千年中，"有形"的造物与"无形"的思想文化经历了飞速的发展与积累③，成为了灿烂的中国古代造物思想的重要组成部分，也是中华灿烂文明的重要组成部分。对于我国古代造物思想的检视，所涉及的范围往往需要涵盖整个民族生活的方方面面，这些不同的方面在整个古代造物思想的整体演化进程中并不是步调一致的，其作用也不能作等量齐观。但是，作为研究者从大角度的历史时间观和大视野的纵向及横向的历史空间观上，整体地看待我国古代的造物思想的演化进程时，"功能至上"主义观始终贯穿整个造物的轴线。不可否认，造物的核心作用是功能，历史中的某个阶段某个人物对造物的其他维度如"气""心""神""巧""技""文"等方面进行了客观的呼吁。但

---

① 笔者释：王艮把"百姓日用"视为"天然自有之理也"，他认为凡是脱离了百姓日用的空谈，皆是异端。他将"道"解释为既非虚无缥缈、不可言传的"道"，也非礼教纲条的圣贤道义，而是"百姓日用"之"道"。

② 王树良：《"百姓日用即道"思想影响下的晚明设计》，载《艺术百家》2005 年第 2 期，第 56 页。

③ 邵琦、李良瑾等：《中国古代设计思想史略》，上海书店出版社 2009 年版，第 143 页。

特定的人造物之所以用来界定人类文明的进程，是因为这些器物的出现，不仅标志了人类改变自然原貌、性质、功能的程度，而且更重要的是，造物活动首先满足生存需求是特定的历史社会和历史时期的深刻反映。所以过分地注重"功能至上"导致其他维度的缺失是历史长河演变中的必然过程。古代造物思想家大多代表了统治阶级或者小资产阶级的利益，他们的造物设计大多是被统治阶级利用或者满足很小的一部分小资产阶级使用功能的奢侈品。极少关注广大下层平民的"功能"需求，也就是我们现代谈起的"大众设计"；古人追求的材美工巧、技以载道也成为贵族阶层生活的奢靡，势必耗材耗时，和我们当今的"循环设计"、"绿色设计"和"适度设计"原则有悖；造物家们过分追求"使用功能至上"中心论而忽视作为近代人们消费的精神需求也是一种偏悖；作为距离近代设计最近的清代设计，在西方文明飞速发展并达到一定高度时，清代没有把西方的现代文明融会于自身，反而注重于繁琐的装饰功能即造物的表层化处理，因此失去了创新与开发。在这里，笔者并不是否定古人的成就，而是站在历史的大空间里来研究李渔，他的造物行为无意间穿透了历史造物思想中的界线，为笔者全面地研究李渔的造物思想提供一个极大的研究空间。

二、西方的现代主义设计及后现代主义设计思潮中的设计观

西方的现代主义设计起源于20世纪初的欧洲。由于西方国家的工业革命引发了一系列的技术革新，新材料、新设备、新机器的不断发明，新的生产方式的变化，极大地促进了生产力的发展。随着生产力的显著提高，它的产生就是在现代主义运动影响下的一种历史必然。随着技术的革新发展，艺术形式的发展不断变化，西方的现代主义设计观也就逐渐呈现出来。在这个时候，最有代表性的有"工艺美术"运动、"新艺术"运动和"装饰艺术"运动。"工艺美术"运动代表人物约翰·拉斯金和威廉·莫里斯主张恢复手工艺传统工艺，反对工业化和大批量生产方式，采用中世纪淳朴风格，吸纳自然主义的装饰手法，以期创造出一种全新设计风格。"新艺

术"运动则打破了 19 世纪弥漫于整个欧洲的矫饰的维多利亚风格的束缚，大胆创新，号召设计师应向自然界学习，开创了一种崭新的自然主义设计风格。"装饰艺术"运动照顾了手工艺和工业化的双重特点，在设计上采取折中主义立场，把豪华、奢侈的手工艺制作和代表未来的工业化特征合二为一，创造出一种既奢华又符合现代审美特征的全新的设计风格。由于它满足了人们对产品形式的多样化需求和对精美手工制作的热爱，又照顾到了机械化批量化大生产的要求，所以诞生于现代主义设计运动时期的"装饰艺术"设计运动，在当时的欧美大陆风靡一世。

以上可以看做现代主义设计的开端，真正的现代主义设计是在人们"希望在保持物质进步的同时，也能享受机械所带来的精神愉悦"的不断地心理渴求下，而涌现出的为解决这一矛盾提供了最佳方案的艺术家、艺术作品和艺术风格。艺术家以塞尚为代表，他最基本的艺术观点就是把结构视为表现一切物体的根本。"在自然里的一切，自己形成为类似圆球、立锥体、圆柱体。"①塞尚的观点在他的艺术作品中时常得以体现，后来直接发展为立体派和抽象主义。如立体派的代表人物毕加索、勃拉克，他们强调艺术形式上应突出表现为对具体对象的解析、重构和综合处理，把对平面结构的分析组合规律化、体系化，强调理性规律在表现"真实"中的作用。抽象主义代表人物为康定斯基，他认为艺术必须从对客观世界的模仿中解脱出来，画家应当运用绘画自身的形式语言（包括色彩、线条、块面等），创造出一个与自然对象相和谐的新世界。② 现代主义设计的艺术风格代表是荷兰"风格派"和俄国构成主义。现代主义设计观严格遵循几何式样，他们在设计中把几何形式与新兴的机器大生产联系起来，追求机械式的严谨与精确。"抛弃繁缛华丽的传统装饰设计风气，遵循理性主义，强调功能和理性的设计，用简

---

① 瓦尔特·赫斯：《西方美术名著选译》，宗白华译，安徽教育出版社 2000 年版，第 17 页。

② 赫伯特·里德：《现代绘画简史》，上海人民出版社 1979 年版，第 106 页。

单的几何形体和简约抽象的色彩概括客观对象，这些特性与大机器批量生产的标准化、机械化技术要求正好合拍，成为大机器生产的必然和最佳选择"①，并努力寻求与工业化时代相适应的艺术语言和设计语言，使艺术和技术能达到最佳的结合。

现代主义设计把人们带向了理性的世界，当人们沉浸在自己构筑的"物质世界"中时，当人们的生活失去了社会目标才发现自己精神世界是那么空虚：传统的风俗、权威中心已悄然少见，世界随波逐流，漫无目标。人们开始反对现代主义纯功利对人所造成的冷漠，主张自动设计，赋予设计物以人文精神，使人与产品达成一种自然并富有人性的和谐。人们向往温暖的人情，向往回归自然，强调自我……一种以改变国际主义设计的单调形式为中心的各种所谓"后现代主义"开始出现，而这标志着一种与现代精英意识彻底决裂的内蕴文化的产生。

后现代主义创造了一种全新的哲学美学理念，它赋予了人们全新的思维方式，使人们展开了向世界本真状态更为贴近的迈进和对传统文化的改造。后现代主义产生于结构主义、存在主义现象学、解释学等的基础之上，都或多或少地在各自的领域中生产着同一个主题：反对传统、中心、权威、真理等形而上学同一性的虚妄性，追求多元化、不确定性等。后现代主义表现在艺术和设计领域，则其设计思潮或设计观开放、自由、没有束缚，强调多样化的形式、多样化的表现、多样化的手法、多样化的思维，一切都没有定势，这恐怕是我们区分现代与后现代的最有力的特征，而它最有力的动力就是创新。后现代主义具体表现为设计语言模糊，具有不确定性；设计不再仅有直线，而是采用曲线等装饰；设计充满了幽默、游戏，不再是表情如一、墨守成规。后现代主义设计最重要的突破就是全力消除艺术与非艺术的严格界限，将艺术与日常生活紧密联系在一起，使高雅与通俗的距离消失。这一点与李渔的造物思想有异曲同工之妙。

---

① 彭虎虎：《现代主义设计形成原因再认识》，载《装饰》2003 年第 8 期。

后现代设计思潮用"装饰"来改变现代主义的简单设计、没有变化的语言；后现代设计主张设计应具有大众性、娱乐性的特点，设计不能只为一部分精英阶层服务；后现代设计主张作品要有想象力、人情味、是艺术的、文化的，改变了现代主义设计的冷漠、工业性，它不再是只依附于技术的形式主义；后现代主义设计反对过分装饰，反对简单的复古，要带有现代人的夸张与幽默；后现代主义设计的风格是多元的，它没有定势，完全根据设计师个人的特点与喜好而设计，后现代主义设计不像现代主义设计那样只注重实用而不注重生态环境。后现代主义的设计是创新和求异的，设计者们利用创意来让消费者的神经每时每刻都处在"新鲜"、"惊奇"的状态之中。

后现代主义设计思潮的成就有如下两个方面：首先，后现代主义设计思潮作为一种观念，不但为西方设计及制造文化的进一步繁荣提供了帮助，而且推动了世界社会向前发展；其次，后现代主义设计思潮向当代人提供了两种全新的思维方式——辩证法/形而上学思维方式。它是一种流动性的变化/替代的思维方式，这种流动性在于克服思维的任何理论空无，使思维达到了与所思事物同样的连续性和全面性。再就是全面开放的分解思维方式，它用球形立体的思维方式代替无数线条组合的思维方式。既保存了视觉观赏的优点，又解决了其实际制造操作的难度，使之具有了现实的合理性。

早在中国西汉时期，中国古代灿烂的文化就远渡重洋传播到了西方，也由此拉开了中西方文化的交流序幕。西方的现代主义设计及后现代主义设计理论在近代发展史上是领先于我国的，这是由于近代西方的工业化进程大大早于中国。然而西方的现代主义设计及后现代主义设计的众多观点和理论，早在我国的17、18世纪就在类似于李渔一帮文人造物家的理论中便有所体现。以上论点本书在介绍李渔的造物思想时会有比较详尽的表述。

第二章　李渔生平及《闲情偶寄》产生的时代背景

第一节　李渔生平及著述

一、李渔生平

李渔，初名仙侣，字笠鸿，又字镝凡，号笠翁，还常常署号湖上笠翁、觉道人、笠道人，等等。他生于明万历三十九年，即公元1611年①，浙江兰溪人②。他的中青年时代正处于明末、清初的战乱之秋。李渔的家境优越，是兰溪一带数一数二的财主。这一点从他写的诗文当中可见，他家在依山脚下曾经有很漂亮的别墅。"尊前有酒年方好，眉上无愁昼始长。最喜北堂人照旧，簪花老鬓未添霜"③。少年时期的李渔风华正茂，聪慧过人，天赋极佳且性情豪

---

①　杜书瀛先生在《李渔美学思想研究》一书中，提到李渔生于明万历三十八年，即公元1610年。也有许多学术界认为李渔生于明万历三十九年（1611年）。

②　李渔在《与李雨商荆州太守》的信中自称"渔随浙籍，生于雉皋（今如皋）"，李渔的青年和中年（1648年前）是在兰溪度过的。很多人推测，李渔家曾在雉皋经商（见戴不凡所著《李渔事略》，载《剧本》1957年第3期）。萧欣桥1981年10月在《李笠翁小说十五种》中也曾说，李渔祖居浙江兰溪下李村，但自幼随父辈长在江苏雉皋地区。李渔的父亲李如松一直在雉皋经商，他的叔父李如椿也是"冠带医生"，家境富足。李渔19岁时父亲去世。崇祯十年，李渔考入金华府，后多次考举不中。

③　编者注：根据《李笠翁一家言全集》卷六，公元1627年元月试笔记载，那年李渔17岁。

放不羁,不拘礼法。丁澎在李渔的诗集序中写道:"为任侠,意气倾其座人"①。李渔在十五岁时写下了这样一段诗:

> 小时种梧桐,桐本细如艾。
> 针尖刻小诗,针瘦皮不坏。
> 刹那三五年,桐大字亦大。
> 桐字已如许,人长亦奚怪。
> 好将感叹词,刻向前诗外。
> 新字日相催,旧字不相待。
> 顾此新旧痕,而为悠忽戒。②

少年时期就显现出的不凡才华,再加上他勤奋的个性,为他日后的文学活动打下了坚实的基础。在李渔25岁那年,即明崇祯八年(1635),他以优异的成绩成为秀才。后来他在明崇祯十一年攻举未果,崇祯十二年(1639),稳操胜券的李渔赴省城杭州再次参加乡试,竟又名落孙山。科场失利的沉重打击令他满腹牢骚:"才亦犹人命不遭,词场还我旧时豪。携琴野外投知己,走马街前让俊髦。酒少更宜赊痛饮,愤多姑缓读《离骚》。姓名千古刘蕡在,比拟登科似觉高。"③次年又作《凤凰台上忆吹箫》叹功名不就:"昨夜今朝,只争时刻,便将老幼中分。问年华几许?正满三旬。昨岁未离双十,便余九、还算青春。叹今日虽难称老,少亦难云。闺人,也添一岁,但神前祝我,早上青云。待花封心急,忘却生辰。听我持杯叹息,屈纤指、不觉眉颦。封侯事,且休提起,共醉斜曛。"④直到明崇祯十五年(1642)准备参加第三次乡试时,此时已是兵荒

---

① 《笠翁诗集序》,《笠翁一家言全集》卷五。
② (清)李渔:《续刻梧桐诗》,载《李渔全集》卷二,浙江古籍出版社1992年版,第5页。
③ 笔者注:《李笠翁一家言全集》卷六,公元1627年元月试笔记载,那年李渔16岁。
④ 笔者注:《李笠翁一家言全集》卷六,公元1627年元月试笔记载,那年李渔16岁。

马乱,清朝的铁骑横扫江南,明王朝已成风雨飘摇之势,至此他无奈还乡。但直到这以前,这种衣食无忧、无忧无虑的日子一直是他生活的主旋律。李渔家境的转折是在明崇祯十七年至十八年(1644、1645),李自成的起义军占领北京,推翻了明王朝,不久清兵的铁骑渐渐占领了明朝的江山。清兵入浙前后的几年,占领了李渔的家乡兰溪,烧杀抢掠无所不为,李渔的家产也被掠空,亲友、乡亲被杀无数,像李渔这样的富足人家也被迫仓促逃难,他奋笔疾书,痛阐惨相:

  八幅裙托改作囊,朝朝暮暮裹粮粮。
  只待一声鼙鼓近,全家尽徙山之冈。
  新时戎马不如故,搜山熟识桃源路。
  始信秦时法网宽,尚有先民容足处。
  我欲云梯避上天,清空漠漠迷烽烟。
  上帝迩来亦好杀,不然见此胡茫然?①

乱后归来,李渔在他的《丙戌除夜》中,曾对着自家幸存的房屋大发感慨:"屋留兵燹后,身活战场边。几处烽烟熄,谁家骨肉全?"②现实的巨大变化改变了他原有的生活方向,战乱把他的科举美梦和诗书生活全部打乱,他的世界观、人生观也有了巨大的转变。这时,他的"功名"观念渐渐淡薄了,现实生活逼得他不得不为糊口奔忙。

清顺治三年(1646)8月,清军攻占金华,"婺城攻陷西南角,三日人头如雨落"。1648年,李渔回到了兰溪卜李村,"我不如人原有命,人能恕我为无官"③。心灰意冷的李渔隐退不仕,此时改

---

① (清)李渔:《李渔全集》卷二,浙江古籍出版社1992年版,第42页。
② (清)李渔:《丙戌除夜》,载《李渔全集》卷二,浙江古籍出版社1992年版,第98页。
③ (清)李渔:《李渔全集》卷三,浙江古籍出版社1992年版,第187页。

名为"镝凡",自此认为自己非"仙侣",只不过是凡夫俗子而已。李渔对清廷颁布的"留头不留发,留发不留头"这一伤害民族自尊心的剃发令强烈不满:"髡尽狂奴发,来耕墓上田"①。后自誉为"识字农"的李渔开始隐居在伊山头的"先人墟墓边","新开一草堂",美其名曰:"伊山别业"、"伊园",自得其乐。伊园门外有山,窗外临水,水中有岛,岛上有亭,燕又堂、停舸、宛转桥、蟾影、宛在亭、打果轩、迂径、踏影廊分布其间,野趣盎然,李渔在此养鸡、种橘、栽秫培酒、植花养蜂,尽情享受淳朴的乡村风情和宁静的田园风光。伊园经他独具匠心的设计和安排,成为李渔展示其园林技艺的最初杰作,自誉杭州西湖,"只少楼台载歌舞,风光原不甚相殊"②。并写下《伊园十便》、《伊园十二宜》等诗篇咏之。"此身不作王摩诘,身后还须葬辋川",尽情享受宁静的田园生活:

> 我爱江村晚,家家酿白云。
> 对门无所见,鸡犬自相闻。
> 我爱江村晚,门无显者车。
> 道旁沽酒伴,什九是樵夫。③

三年的隐居生活使得李渔心情开阔,这期间他十分关心公益事业,他倡修水利,建了四处堰坝,挖掘伊坑等沟渠六华里,使易旱的黄土丘陵地带形成"自流灌溉",并使水渠绕流全村,既改善了农田水利,又解决了村民饮用。据《龙门李氏宗谱》载:"伊山后石坪,顺治年间笠翁重完固。彼时笠翁构居伊山之麓,适有李芝芳任金华府刑订厅之职,与笠翁公交好,求出牌晓谕,从石坪处田疏凿起,将田内开凿堰坑一条,直至且停亭,复欲转湾伊山脚宅前绕

---

① (清)李渔:《丙戌除夜》,载《李渔全集》卷二,浙江古籍出版社1992年版,第98页。
② (清)李渔:《丙戌除夜》,载《李渔全集》卷二,浙江古籍出版社1992年版,第165页。
③ (清)李渔:《我爱江村晚》,载《李渔全集》卷二,浙江古籍出版社1992年版,第263页。

过。公意欲令田禾使有荫注,更欲乘兴驾舟为适情计也。"石坪坝后人将此坝命名为"李渔坝"。《龙门李氏宗谱》记载,顺治八年(1651)李渔被当地乡亲推举为宗祠总理,并亲手定下有关公产管理的《条约十三则》。

由于隐居无业带来的生活压力,再加上他一贯较为奢侈的生活作风,当年,他决定卖掉精心构筑的伊山别业,举家离开兰溪,移居他心仪已久的杭州,选择了他一生中最重要的生活方式"卖赋以糊其口"①。创作戏曲和小说是当时李渔重要的"砚田糊口"手段。我国的戏曲在北宋中叶形成,在民间流传甚广,以其寓教于乐的艺术特征、载歌载舞的表演形式与生动曲折的故事情节,成为人民群众喜闻乐见的一种娱乐形式,是我国古代众多的文学艺术门类中影响最广、观众(读者)最多的一个门类。② 到了明代,营销戏曲剧本、组织戏班演出的文化市场极为发达,短篇话本小说和长篇的章回小说流行甚广。李渔敏锐地发现了这个市场,结合自己的专长,开始了戏曲、小说的创作,组班演出,刻印自己创作的戏曲、小说卖向市场。为了维持全家生计,再加上他的勤奋,他以旺盛的创作力,数年间连续写出了《怜香伴》、《风筝误》、《意中缘》、《玉搔头》等多部传奇及《无声戏》、《十二楼》两部白话短篇小说集。往往十几天便成一剧,有时候边写边演出。由于通俗易懂,贴近市民生活,寓教乐,适合观众、读者的欣赏情趣,所以,作品一问世,便畅销于市场,被争购一空。尤其是他的短篇小说集,更是受到读者的追捧,成为抢手货。李渔称自己的作品是"新耳目之书",求新立异,不模仿他人也不重复自己。故事新鲜,情节奇特,布局巧妙,语言生动。李渔的名字也因此为人们熟知,"天下妇人孺子,无不知有湖上笠翁"③。同时,在杭州的七八年间,李渔凭借自己

---

① (清)黄鹤山农:《玉搔头·序》,载《李渔全集》卷五,浙江古籍出版社1992年版,第215页。
② 俞为民:《李渔评传》,南京大学出版社1998年版,第16页。
③ (清)包璿:《李笠翁一家言全集》叙,载《李渔全集》卷一,浙江古籍出版社1992年版,第1页。

的才华获得了一定的经济来源，又结识了许多名士(后章节有述)，这一段时期，是他较为愉悦的时期：

    又从今日始，追逐少年场。
    过岁诸糟缓，行春百事忘。
    易行游舞榭，借马系垂杨。
    肯为贫如洗，翻然失去狂？①

  李渔还编辑了许多戏曲方面的教科书和工具书，刊行卖钱，同时由自己的妻妾子婿组成家庭剧团，为达官贵人演戏，博取钱财，剧本大都由自己编写，亲自编导。这样，李渔积累了许多的戏曲创作和舞台演出的实践经验以及丰富的社会阅历。所有这些都为创作《闲情偶寄》奠定了重要的理论基础。

  清康熙元年(1662)，李渔举家迁至金陵(今南京)的金陵闸(今节制闸)。由于李渔的戏曲小说广受读者欢迎，杭州、苏州、南京等地的一些不法书商千方百计对他的著作进行私刻翻印以牟取暴利，十分猖獗，为了保护自己的著作权和经济利益，他与之进行了不懈的斗争。他一边请求官府为他主持公道，传札布告；一边与女婿沈心友四处奔走，上门交涉。他对此行为极为愤然：

  "至于倚富恃强，翻刻湖上笠翁之书者，六合以内，不知凡几。我耕彼食，情何以堪？誓当决一死战，布告当事，即以是集为先声。总之天地生人，各赋以心，即宜各生其智，我未尝塞彼心胸，使之勿生智巧，彼焉能夺吾生计，使不得自食其力哉！"②可见李渔是中国最早的具有版权意识的出版家，也是最早捍卫自己著作权的作家。

  身居金陵的李渔后在周处台重建新居，取名"芥子园"。因"地止一丘"，故取名为"芥子园"，取"芥子虽小，能纳须弥"之意。小

---

 ① (清)李渔：《闲情偶寄·器玩部·制度第一》，载《李渔全集》卷二，浙江古籍出版社1992年版，第88页。

 ② (清)李渔：《闲情偶寄·器玩部·制度第一》，载《李渔全集》卷三，浙江古籍出版社1992年版，第229页。

第二章　李渔生平及《闲情偶寄》产生的时代背景

小园庭经他精心设计，巧妙安排，倒也别有情趣，有栖云谷、月榭、歌台、浮白轩等诸景，并都题有楹联。李渔在《闲情偶寄》中对所建的芥子园颇为得意：芥子园占地方圆三亩不足，建筑略占三分；环墙围之，入园有门，门上有碑文临刻，题"芥子园"；园中建有一座大假山，磊石为之，气概昂扬，设为园中主景，山有石洞与建筑相连，假山之巅，镶嵌有方咸亨所题石光匾"栖云谷"，谷中"幽而不明"，便设有借景"梅窗"数幅；园内有阁，取名"来山阁"，能"窥钟山气色"；另建有月榭、歌台等，晚来饮酒品茶；歌台旁建浮白轩，白轩上设有李渔自创的"尺幅窗"（或曰"无心画"）——借景窗，凭窗览景，饶为醉人；浮白轩后设小假山一座，"高不逾丈，宽止及寻"；在假山东边自凿"斗大一池"，内种荷花，养鱼数条，然因其无活水源头相连，故"时病其漏"；假山之西，植有硕大几株石榴树，秋夏花开枝头，饶是好看。"看待诗人无别物，半潭秋水一房山"，李渔的诗人闲暇情怀可见一斑。在此期间，李渔达到了自身事业创作的顶峰时期。他在芥子园自己主持刊行自印自销，如主编的教科书《芥子园画谱》，工具书《笠翁诗韵》、《笠翁词韵》、《笠翁对韵》、《资质新书》等，时文选集《新四六初征》、《尺牍初征》、《名词选胜》等。① 李渔自曰：

"已经制就者，有韵事笺八种，织锦笺十种。韵事者何？题石、题轴、便面、书卷、剖竹、雪蕉、卷子、册子是也。锦纹十种，则尽仿回文织锦之义，满幅皆锦，止留纹缺处代人作书，书成之后，与织就之回文无异。""海内名贤欲得者，遣人向金陵购之"。"售笺之地即售书之地，凡予生平著作，皆萃于此。有嗜痂之癖者，贸此以去，如偕笠翁而归。千里神交，全赖乎此。只今知己遍天下，岂尽谋面之人哉？（金陵承恩寺中有"芥子园名笺"五字署名者，即其处也）"②

---

① 孙楷：《中国通俗小说目录》，人民文学出版社1982年版，第43、44、212、191页。

② （清）李渔：《闲情偶寄·器玩部·制度第一》，载《李渔全集》卷三，浙江古籍出版社1992年版，第229页。

芥子园既是李渔的寓居地，又是他戏曲活动的重要场所。他一帮由家姬组成的"家班女戏"，自任教习和导演，专门上演自己创作和改编的剧本。他以芥子园为根据地，四出游历、演剧，"全国九州，历其六七"，他自称二十年来"负极四方，三分天下，几遍其二"①，先后到过江苏、安徽、山西、陕西、甘肃、福建、湖北、广东、河南、北京等地，每到一处，以戏会友，备受欢迎。这时候的李渔文笔更趋娴熟，著作更丰，并在金陵结识了一大批艺林名士、仕族缙绅，李渔一家也名声大振，各地显贵富豪及文人学士纷纷邀请，李渔的家班周游大半个中国，"予担簦二十年，履迹几遍天下。四海历其三，三江五湖则俱未尝遗一，惟九河未能环绕，以其迂僻者多，不尽在舟车可抵之境也。"②1671年，《聊斋志异》作者蒲松龄在江苏宝应县知县孙蕙处当幕僚，孙家有喜庆，差蒲专程邀请李渔带家班去演戏。当时蒲松龄31岁，李渔61岁，两人相见，甚是投合，蒲趁兴作词《南乡子·寄书》一首，以作留念。也就在这一年，靠着李渔一直以来对于造园、种植、饮食、家具、房舍以及戏曲演习、著裳的兴趣和爱好，凭着亲身的体验和执著的追求，李渔完成了代表作《闲情偶寄》一书。③ 然而家庭戏班多年的旅途奔波，后来他宠爱的两个家庭戏班台柱子乔姬、王姬相继劳累成疾，英年早逝，客死他乡，令李渔悲恸欲绝，对李渔的打击甚大。他分别作《断肠诗》二十首、《后断肠诗》十首以及《乔复生王再来二姬合传》等诗文以纪念二人，寄托自己的哀思，但戏家班底自此星散夭折，土崩瓦解了。

---

① （清）李渔：《闲情偶寄·器玩部·制度第一》，载《李渔全集》卷三，浙江古籍出版社1992年版，第229页。
② （清）李渔：《闲情偶寄·饮馔部·肉食第三》，载《李渔全集》卷三，浙江古籍出版社1992年版，第257页。
③ 《闲情偶寄》的成书时间常见有三说，一曰1670年，一曰1671年，一曰1672年。四川师范大学文学院朱锦华专门通过辨析后认为，《闲情偶寄》成书于1671年的说法最为可信。南京大学中文系博导俞为民教授的李渔年谱中也说成书于1671年。中国社科院科研局杜书瀛先生著书中亦认为此书于1671年问世。

清康熙十六年(1677),李渔携家眷再由金陵移居杭州,日常开销开始入不敷出,债务缠身。清康熙十七年(1678)他在当地官员的资助下,买下了吴山东北麓张侍卫的旧宅,开始营建"层园"。此园缘山而筑,坐卧之间都可饱赏湖山美景。"繁冗驱人,旧业尽抛尘市里;湖山招我,全家移入画图中。"①但此时李渔贫病交加,正在修订的《笠翁一家言》也被迫停工。他为此向京师老友写下《上都门故人述旧状书》称:

"无论金陵别业属之他人,即生平著述之梨枣与所服之衣,妻妾儿女头上之簪、耳边之珥,凡值数钱一锱者,无不以之代子钱,始能挈家而出。"②所景所情无不让人痛心怜悯。

清康熙十九年(1680)农历正月十三,李渔在贫困交加中去世,年六十九。李渔死后,被安葬在杭州方家峪九曜山上,钱塘县令梁允植为他题碣:"湖上笠翁之墓"。

纵观李渔的生平,可分为三个阶段:青少年阶段、中年阶段和老年阶段。青少年阶段为科举科考之前阶段,这个时段,李渔醉心于考举为官,在其文学等方面无任何建树;中年阶段为明清交替以后,李渔为生活所迫,走南闯北组织戏班演出、编写戏曲文稿、出版小说,取得了他一生中最辉煌的成就;老年阶段为举家迁移回杭州以后,李渔无力再作新的创作,卧床整理编写前期的戏曲理论和小说文稿。变幻莫测的社会环境改变着李渔的一生,也造就了我国历史上一位著名的戏曲、小说理论家和造物专家。

二、李渔的著述

李渔一生的著述丰翰,其小说、曲本、园林设计、文艺理论皆负盛名,亦擅诗词书画。鉴于门类众多,从其内容来分,大概可分为以下几类:

---

① (清)李渔:《李渔全集》卷三,浙江古籍出版社1992年版,第225页。

② (清)李渔:《上都门故人述旧状书》,载《李渔全集》卷一,浙江古籍出版社1992年版,第225页。

(一) 戏曲类

1.《笠翁传奇十种》

"传奇原为消愁设，费尽杖头歌一阕；何事将钱买哭声，反令变喜成呜咽。惟我填词不卖愁，一夫不笑是吾忧；举世尽成弥勒佛，度人秃笔始堪投。"①这首诗被看做李渔创作传奇十种曲主张的写照和宣言。他把"笑"作为创作喜剧的手段，实际上却是个愤世嫉俗者，满腹牢骚皆寓于笑声中。所以他自己也说："嬉笑诙谐之处，包含绝大文章。"又说"寓哭于笑"。李渔的创作集中反映了社会的各种复杂矛盾，肯定了真善美，批判、鞭挞了假丑恶。他通过对鲜活形象的描写，借助人物活动和情节的发展加以表现，极富魅力，使人在不知不觉中受到教育。李渔也自称传奇"如已经行世之前后八种，及已填未刻之内外八种"②。主要包含有《怜香伴》、《风筝误》、《蜃中楼》、《意中缘》、《凰求凤》、《奈何天》、《比目鱼》、《玉搔头》、《巧团圆》、《慎鸾交》。现在留存的是以康熙翼圣堂原刻本为底本，以康熙世德堂、冀圣堂两个为刊本编辑而成。

2.《香草韵》

由清徐士俊填词，湖上笠翁鉴定谱曲。清曲波园徐氏家刻本。

3.《笠翁阅定传奇八种》

现收录在《李渔全集》中的卷六、卷七，分为上下册。包含《万全记》、《十醋记》、《偷甲记》、《双锤记》、《鱼篮记》、《四元记》、《双瑞记》、《补天记》。为清康熙明善堂刊本。

4.《李笠翁曲话》

其书是李渔戏曲美学的重要著作。他在戏曲创作中追求"独先结构"的形式与"善、奇"的内容相统一；他重视音乐创作的"合人情"；戏曲创作在文风上追求"重机趣"、"人唯求旧、物唯求新"、

---

① (清)李渔:《风筝误》，收入《笠翁传奇十种》，载《李渔全集》卷四，浙江古籍出版社1992年版，第263页。

② (清)李渔:《闲情偶寄·词曲部·音律第三》，载《李渔全集》卷三，浙江古籍出版社1992年版，第30页。

"习俗恶"及"唱曲情"。该书是我国古典戏曲领域的集大成者,是第一部从戏剧创作到戏剧导演和表演全面系统地总结我国古代戏剧特殊规律的美学著作①。

除此之外,李渔还编有《秦月楼》的评阅本,此为清初刊本。他还改编《琵琶记》、《明珠记》、《南西厢》三剧。

(二) 小说

1.《无声戏》

该书为短篇小说集。清初刊本,卷首有伪斋主人序,共存十二回。也有其他版本,如清顺治刊本,题作为《无声戏合集》、清三近堂刊本,题作《无声戏合选》、抄本《连城璧》,全集十二回。以上刻本皆不全,以残本为多。

2.《肉蒲团》

又名《觉后禅》,长篇小说集,共六卷二十回。清刊本光绪二十年(1894)排印本。卷首有"情痴反正道人编次,情死还魂社友批评",并有西陵如居士序。

3.《十二楼》

又名《觉世名言十二楼》,短篇小说集。清初消闲居刊本,十二卷,每卷均题有"觉世稗官编次,睡乡祭酒批评",卷后有杜浚评语。此书存世有多种刊本,如清乾隆年间文宝堂刊本、清嘉庆五年会成堂刊本和清嘉庆宝宁堂刊本。

4.《合锦回文传》

又称《回文传》,长篇小说集,十六卷。卷首题作"笠翁先生原本,铁华山人重辑",每卷后有评语。现存清嘉庆三年宝砚斋刊本和清道光六年大文堂刊本。

5.《李笠翁批阅三国志》

为长篇小说评传,总共有二十四卷一百二十回。封面题作为"笠翁评阅绘像三国志第一才子书",卷首题"李笠翁评阅三国志"。

---

① 杜书瀛:《李渔美学思想研究》,中国社会科学出版社2007年版,第11页。

清两衡堂刊本。李渔不满毛纶、毛宗岗父子1522年对《三国志演义》的修改编写，因而独自完成了这篇长篇小说的编写。虽然编写并没有推翻毛本的范本，但李渔为传统中国通俗文学文化的推动和宣传作出了贡献。

(三) 诗词诗文及其杂著

1.《笠翁一家言全集》

此书为诗文、杂著集。《一家言》原分初集、二集刊行，初集约编成于康熙九年(1670)，二集编成于康熙十二年(1673)。康熙十七年(1678)将初集、二集合编为《笠翁一家言全集》，由翼圣堂刊行，其中收入初集中的古文、杂著四卷，诗七卷，诗余一卷，二集中的古文、杂著七卷，诗五卷；另又收入写成于康熙三年(1664)、曾以《笠翁论古》单独刊行的《史断》(即《笠翁别集》)四卷、《耐歌词》三卷、《笠翁词韵》四卷及写成于康熙十年(1671)也曾单独刊行的《闲情偶寄》十六卷。

2.《笠翁对韵》

现存清光绪十九年(1893)琅环阁刊本。

3.《资治新书》

明清官吏案牍选集。分初集、二集，初集十四卷，二集二十卷。现存清带月楼刊本、芥子园刊本、经纶堂刊本、大文堂刊本、英德堂刊本、尚德堂刊本等。

4.《古今史略》

现有清光绪十四年(1888)浙江山阴贺阶平、谢庆善等校刊本。为简明历史著作。

5.《千古奇闻》

共八卷，分金、石、丝、竹、匏、土、革、水、补遗等八集。属通俗历史读物。

6.《古今尺牍大全》

共八卷。现有清康熙二十七年(1688)刊本。古今尺牍选集。

7.《新四六初徵》

全书共二十卷，分律要部、艺文部、笺素部、典礼部、生辰部、乞言部、嘉姻部、诞儿部、宴赏部、感物部、节义部、碑碣部、述哀部、伤势部、闲情部、馈赠部、祖送部、戏谑部、艳冶部、方外部等二十门类。时人骈文选集。现存清康熙十年(1671)翼圣堂原刊本。

8.《芥子园图章会纂》，为篆刻论著选编

以上介绍的皆是现尚有版本流存的著作，另有一部只见诸记载而今已失传的论著：《韶龄集》，为李渔早年的诗集。王安节《笠翁诗集》卷二十《活虎行》眉评云："此先生三十年诗也，向于《韶龄集》中见之。"今失传。①

毋庸置疑，李渔是一位富有创作想象力的作家，他的创作充满创新、虚构和想象②。在他创作的过程中，有三个主要因素影响着他的写作：他本人的创造力、他注意迎合读者的口味和兴趣、他对传统和现实的结合。所以在研究李渔的造物美学思想时，我们也要从探究李渔的创作理念出发，从不同的历史角度来研究李渔的作品。做到这些，我们就能更好地理解李渔在造物过程中的源动力，客观准确地对李渔的造物思想作出评价。

三、李渔的戏曲、小说创作成就及相关理论体系简述

李渔的一生共有十六种传奇，他与明清词曲大家尤侗、吴伟业并成为三大词曲家。他的作品现存的主要有《怜香伴》、《风筝误》、《意中缘》、《蜃中楼》、《凰求凤》、《奈何天》、《比目鱼》、《玉搔头》、《巧团圆》、《慎鸾交》十种曲，被统称为《笠翁十种曲》。由

---

① 俞为民：《李渔评传》，南京大学出版社1998年版，第45页。
② 我们十分清楚各种文学理论文学评论家流派中存在着不同的研究方法和观点——其中有名的包括功能主义、马克思主义批判、新批判主义、结构主义、后结构主义、新历史主义、解构主义，等等。我们在评价李渔时，对这些学派进行了认真的检验，如果其分析和解释的技术利于在这个特殊的文学创作环境的文学作品，有益于我们客观的分析和论证，我们便遵照运用。笔者在研究中不准备参与那些理论和方法的问题的辩论，感兴趣的只是在研究当中运用辩证的观点得出来的新的技能和眼光对历史和文学的文本进行解读。

于生活所迫，同时也因为当时社会人们的喜闻乐见，李渔的戏曲创作多以消愁解闷和取悦观众为创作宗旨。如在《怜香伴·缄愁》中，"男女相交，全在一个情字"、"势力不能夺，生死不能移"；在《风筝误》、《意中缘》中，塑造了舜华为争取婚姻自主，敢于同封建势力作斗争的形象。《比目鱼》描写了谭楚玉与刘藐姑这一对青年男女敢于为真诚爱情抗争的故事，歌颂其"谭楚玉钟情钟入髓，刘藐姑从良从下水"①，描写了一对恋人"双双投江殉，化为比目鱼"的悲情故事，表达了对真诚爱情的歌颂和对封建礼仪的贬斥与嘲讽。

李渔戏曲剧作的艺术成就在清初曲坛上可以说是首屈一指的②。他在创作中对于素材的积累常常来源于日常生活中，对情节的设置力求新奇、避免雷同，"新而妥，奇而确"。在剧作的结构上，李渔克服了明清传奇一般结构松散、情节冗长的通病。他的剧作结构严谨、紧凑流畅、井然有序，前后呼应，正所谓"思路不分，文情专一"，观众"了了于心，便便于口"③。这与他的"立主脑"的结构原则是分不开的。同时，李渔在剧情安排上善于安排科诨，强烈的喜剧效果令人绝倒，"水到渠成，天机自露"④，自然而然。这是他剧作艺术上的又一大重要特色。另外李渔还特别重视舞台效果对于舞台的搭建和人物服装、肢体语言的表演以及演员之间的搭配，精益求精。

他的小说创作作品大多描绘了青年男女的真诚爱情、婚姻自主和渴望摆脱封建礼教束缚、打破封建传统道德的行为以及渴求个性解放的诉求。主张表达市民阶层要求摆脱封建道德的传统束缚、崇仰个性开放、民主自由的强烈愿望。这与明朝中期资本主义生产关系的萌芽和城市化的进程是紧密相联的。他不能站在一个深刻反映

---

① （清）李渔：《比目鱼·发端》，载《李渔全集》卷五，浙江古籍出版社1992年版，第111页。
② 俞为民：《李渔评传》，南京大学出版社1998年版，第60页。
③ （清）李渔：《闲情偶寄·词曲部·结构第一》，载《李渔全集》卷三，浙江古籍出版社2000年版，第13页。
④ （清）李渔：《闲情偶寄·词曲部·结构第一》，载《李渔全集》卷三，浙江古籍出版社2000年版，第58页。

社会和民族矛盾的高度来创作，与同时代其他关注国家大事和民族民生以及反映社会现状的曲作家相比，在思想高度上的确显得肤浅和单薄。

明清的小说在当时正统文人看来是"雕虫末技"，但李渔对自己的小说创作自称"吾于诗文非不究心，而得志愉快，终不敢以小说为末技"①。李渔的小说创作有短篇小说《无声戏》、《十二楼》和长篇小说《合锦回文传》、《肉蒲团》。《无声戏》共有十二篇，外加上后来《连城璧》全集中的五篇，合编为《连城璧全集》共十八篇；《十二楼》全书共有十二卷三十八回合，每卷一个故事，每个故事中皆有一座楼，故名《十二楼》，后又取名《觉世名言》；长篇小说《合锦回文传》围绕回文锦描写的一个凄美家族才子佳人的神话故事；《肉蒲团》又名《觉后禅》描写了一对新人的悲惨故事。从中我们不难发现，李渔的小说在思想内容上皆有劝善惩恶、因果报应的主旨。作者亲身经历了明代末年恶劣浑浊的世风和清代初始的战乱，他对封建社会的现实有清醒的认识，因此在他的小说中就把劝善惩恶、警世人心当做创作的动机，意图是自己的小说有"觉世"的作用。

李渔的小说选材有意避开了社会上那些重大、严肃的题材，诸如动乱、民族矛盾等，而多以百姓日常生活中的男欢女爱、妻妾争宠、商人遇险、主仆尽忠等故事情节，来拉近与老百姓的身心的距离。这一方面扩大自己小说的阅读群体，另一方面有利于在创作的过程中突出作品的娱乐性和消遣性，弱化悲情的色彩，以大众善接受美、善之事来博得读者的欢心。当然，为了适合市民阶层的庸俗情趣，他的小说中也加入了大量的情色描写。明代中叶以来，商品经济的发达和城市化进程的发展，猛烈地冲击了长期以来束缚人们思想和行为的封建礼教，打破了明初以来程朱理学说对人们思想的禁锢，人们的思想和意识逐渐觉醒，对个性开放、追求财欲、情欲放纵的公开和普遍的追求，反映了当时在社会逐渐开放的情况下人

---

① （清）杜濬：《十二楼序引》，载《李渔全集》卷九，浙江古籍出版社2000年版，第7页。

们欲挣脱封建礼俗的社会现状和诉求。李渔的小说恰恰迎合了这种诉求。

李渔的小说在内容上劝善惩恶和力求娱乐相统一，因为他对戏曲的精通，所以在把握故事情节上纯熟的技巧自然而然的运用到了小说的创作上。他的小说主线清晰、结构严谨而又曲折起伏、扣人心弦。再加上他的创作从来就是构思新奇，主张"脱窠臼"，其风趣诙谐、通俗浅显的小说语言使得他的获得了巨大的成功。

李渔的诗文杂著虽然没有戏曲小说的成就高，但在清初文坛上也是独具风格。他的诗文自言其志、自述其情，总能贴切地表达他自身的内心世界。李渔的散文全部收集在《笠翁文集》中，门类繁多，有赋、序跋、寿序、祭文、记传、赞、辩、露布、疏、铭、引、书、联语、纪等多种形式。他的散文立意新颖、逻辑严密、论述有力而又诙谐生动，同时受其戏曲小说的影响，行文语言通俗晓畅、不事雕琢，句子对仗工整，自然清新。在表现手法上也是独辟蹊径、言之有物、内容充实、富有感情。李渔的诗词收集在《笠翁诗集》和《耐歌词》中，诗歌在题材上多有变化，有五言古诗、五言绝句、六言绝句、七言律诗、七言绝句、七言古诗等。他的绝句和律诗对仗工整、结构严谨，五言、七言古风开阖跌宕、雄放恣肆、一气呵成。如《过太阳岭》中："一步一抠衣，登天此是梯。瀑珠飞作雨，人气吐成霓。放眼双溪窄，回头五路低。如果太阳近，系住莫教西。"①

其所著词集《窥词管见》在词的创作上建立了较为系统的词学理论，取得了极高的成就。李渔的诗词无论在内容还是在艺术形式上，都有着较高的成就。他力推创新，"文字莫不贵新，而词尤为甚，不新可以不做"②。在清初的文坛上，李渔的诗词占有崇高的地位。

---

① （清）李渔：《李渔全集》卷二，浙江古籍出版社2000年版，第83页。
② （清）李渔：《窥词管见第五则》，载《李渔全集》卷二，浙江古籍出版社2000年版，第509页。

以往的学术界对李渔的文学创作评价都不是很高，认为他虽然提出了精湛的戏曲理论，但这在他的戏曲创作中并没有出现，甚至怀疑他的理论和他的实际戏曲创作并不相符。其实，李渔的戏曲理论是在他的创作实践摸索中总结出来的，他精湛的戏曲理论也正是他在戏曲创作上取得如此成就的基石。清代初年，我国古代戏曲经过元代明代的繁荣和发展，已经达到我国古代戏曲理论的完善和集成时期，社会上戏曲资源丰富、资源繁多。然唯有李渔经过长期的戏曲活动，凭借自己编剧和表演方面的丰富经验，编成了我国古代第一步完整、系统的曲论著作《李笠翁曲话》①，收录在《闲情偶寄》中。如果说李渔以前的关汉卿、王实甫、汤显祖等是以不朽的巨作流芳百世，那么李渔则以他杰出的戏曲理论在大家辈出、人才济济的戏曲史上树起了丰碑。学术界许多人们受传统文化理论的束缚和某种偏见，致使对他的评价有失偏颇。因此，我们在研究李渔的同时，应该结合他所处的经济、文化环境以及他的社交团队，对其做出一个实事求是的评价。

第二节 《闲情偶寄》产生的时代背景

一、《闲情偶寄》产生的社会背景

17世纪的中国正处于社会和政治的巨大变革之中，李渔的生平为洞察这个巨大世界变革开了一扇窗，《闲情偶寄》的产生又成为认识李渔世界观的一部重要著作。政治、经济、文化这三个方面相互联系、交织在一起，共同缔造了李渔的造物思想和造物行为。所以说，一个人要在他生活的那个较大的社会中找到自己的位置，他的个性和特点是以他那个社会所流行的文化及其遗产为条件的。② 从

---

① 曹聚仁校定：《李笠翁曲话》，上海梁溪图书馆1925年排印，后由上海启智书局出版。
② [美]张春树、骆雪伦：《明清时代之社会经济巨变与新文化》，王湘云译，上海古籍出版社2008年版，第110页。

第二节 《闲情偶寄》产生的时代背景

很大程度上来讲,一个人在社会上的成长和稳定,直至走向成熟,被社会所接受,都是因为他的思想、职业和行为模式已经被社会所接受的情况下,逐步确立的。《闲情偶寄》就是在这一社会背景下诞生的。

李渔的一生经历了明朝末年的盛世、衰败以及明朝的灭亡和清朝的诞生。1644年4月李自成起义军攻入紫禁城后,李渔辗转奔袭了好几个月,几次苟且逃命,物质财产尽失,事业梦想落空,他对人性的理想主义以及儒家的经世之道的信仰也随之完全破灭。李渔的生活哲学也在一定程度上发生了微妙的变化,变得有些"物留兵燹后,身活战场边"①的现实和消极。另外,在17世纪的清初,新的社会的建立为社会的发展提供了条件,社会经济逐渐变得繁荣昌盛,商业经济业发达兴旺起来,区域间和国家间的市场蓬勃发展,工业增长迅速,农业领域也发生了极大的变化,伴随着这些经济的变化而来的便是社会文化的巨变,这些变化使得社会产生了一种以新的生活方式、新的生活哲学为代表的新文化和新的民族精神以及新的民族特征。譬如,对当时社会的绝大多数人来说,新趋势即代表着社会的杂乱无章及社会思想的紊乱混淆。以前社会上强调的是精神生活,而现在已经被物质的热烈追求所替代,豪宅大院、奢华的服饰、丰富的食物以及放纵的娱乐取而代之。旧的传统、旧的规则和习惯,甚至连意识形态也在慢慢被瓦解。李渔和《闲情偶寄》正是这种新涌现的文化的产物,同时也是这个新时代的组成和象征。从某种意义来说,该书所体现的思想和观点也是整个社会背景的生动展现。

李渔自幼舒适的生活习惯让他更喜欢城市生活,他对城市生活的这种喜爱在他的造物作品中显而易见。他的一生绝大部分时间身处杭州和南京②。当时的杭州是南方最重要的经济中心和文化中

---

① (清)李渔:《李笠翁一家言全集》卷五,浙江古籍出版社1991年版,第215页。

② 笔者注:李渔1648年至1657年生活在杭州,1657年至1677年生活在南京,后在1677年春回到杭州,直至去世。

心。杭州也能为文人提供各种各样的工作机会,在此可以广结盛名的作家和学者。同时作为南方城市的代表,杭州也是经济最发达的城市之一,各种制造业和手工业发达,仅印书馆就有31家之多,同时,杭州生活用品丰富,是我国资本主义特征萌芽最早的地方。1657年他抵达南京,作为明朝南都,这里的文化和经济更为发达,这些都为李渔创作带来了大量经济和文化的原始积累。也正是在这期间,他完成了《闲情偶寄》这部著作。

李渔是明清之际朝代转换时代的产儿,那个时代造就了他,让他成为一名职业作家。作为职业作家,以写作为生这不足为奇,中国历史上总有一些文人学士因为生活所迫以写作为生。但生前就是闻名遐迩的职业作家,在历史上非李渔莫属①。李渔还是历史上著名的造园家和造物家。他的《闲情偶寄》是一部"中国名士八大奇迹著"之首。全书八部,涵盖戏曲理论和丝竹歌舞、房舍园林、家具古玩、饮馔调治,富有生活情趣。他认为艺术附丽于生活,他立足于"填词之没,专为登场",提出"结构第一"。其文浅显、重机趣、戒浮泛、忌填塞,宾白求肖似、题材求创新,达到了我国古典戏曲理论的巅峰,在文学史上有独特的地位。他的造物理论影响了数代人的生活方式,却偏离了儒家传统受人尊重的生活方式,这实际是在推广一种社会文化的趋势。所以我们对李渔的研究还可以展现一个更广阔的社会层面。

李渔的小说、戏曲、杂文、造物等作品就像一面镜子反映出他所处的社会和时代。在李渔的作品《闲情偶寄》中清晰地体现了明清社会的状况、价值观、理想及其思想意识。通过他的戏曲、制服、造园、置物及其家具陈设等,我们能洞察到李渔所处时代价值负荷的压力。所以说,李渔的文学和造物能够重现再造他所处的那个时代的生活的感觉——情感、精神、社会及其"载物"的世界,这与我们今天的生活是何等的相似。

---

① [美]张春树、骆雪伦:《明清时代之社会经济巨变与新文化》,王湘云译,上海古籍出版社2008年版,第91页。

二、李渔的交游世界——士人团体

李渔一生博学多才，又是一个多产的职业作家，自然极具有吸引力，朋友众多。同时，他带领戏班四处为家，浪迹江湖"予担簦二十年，履迹几遍天下。四海历其三，三江五湖则俱未尝遗一"①，也能接触众多的友人。在杭州和南京的许多年也为他提供了广交朋友的机会。顾敦铼先生在《李笠翁朋辈考传》一文中②，统计了在李渔的诗文、书信中提及或者作序写评的，总共有四百人之多。李渔自己也知道他受到当时最有名的诗人、作家、艺术家和史学家的欢迎。他的创作思路受到这些友人行为和思想的影响，有时他也和这些朋友谈论自己创作的作品，和朋友交流心得和体会。广采博取，李渔正是在这样的历史时期和社会团体的影响下，逐渐形成了他自己独有的风格。

李渔的友人中效忠于明朝的著名诗人杜濬（1611—1687）就是当时著名的剧作家、艺术家和历史学家。杜濬原名诏先，字于皇，号茶村。湖北皇岗（今属湖北黄冈）人。寓居金陵四十年。明副贡生，任推官。入清不仕、性廉介，不轻受人惠。工诗文，著有《变雅堂遗集》、《变雅堂文集》、《变雅堂诗钞》、《清史列传》于世。李渔客居金陵时，与其相交。杜濬对李渔十分推崇，曾为短篇小说集《无声戏》、《十二楼》等作序，又为《闲情偶寄》、诗文及传奇《玉搔头》和《巧团圆》作评。

当时著名剧作家、诗人吴伟业（1609—1672），字骏公，号梅村。江南太仓（今属江苏）人。明崇祯四年（1631）进士，历任翰林院编修、南京国子监司业、左庶子等职。南明弘光朝任少詹事。清顺治十年（1653）被迫应召仕清，任秘书院侍讲，迁国子监祭酒。三年后，因丧母乞归。其诗、词、曲、绘画样样精通。著有《梅村集》、《梅村家藏稿》，杂剧《临春阁》、《通天台》等。清顺治十七年（1660），李渔

---

① （清）李渔：《闲情偶寄·饮馔部·肉食第三》，载《李渔全集》，浙江古籍出版社2000年版，第257页。

② 摘自《之江学报》第一卷第四期，1935年第8期。

特地赴太仓，拜访吴伟业，吴伟业甚爱李渔之才学，盛情款待。在太仓期间，李渔作有《梅村吴骏公别业》等文章。吴伟业有《赠武林李笠翁》，诗中提到"家近西陵住薜萝，十郎才调岁蹉跎"，后李渔因此而有"李十郎"之称，是李渔创作成长中的重要人物。

明清词曲大家尤侗(1618—1704)，字同人，更字展成，号悔庵，又号西堂。长洲(今江苏苏州)人。清顺治拔贡，授永平推官。康熙十八年(1679)举博学鸿词科，授翰林院检讨，参与修《明史》，后告归。著有《西堂全集》，戏曲有传奇《钧天乐》，杂剧《读离骚》、《吊琵琶》、《桃花源》、《黑白卫》、《清平调》等。李渔与其交甚密，两人相互唱和，并互校书稿，李渔曾为尤侗校订《钧天乐》传奇，尤侗也为李渔《闲情偶寄》、《论古》、《名词选胜》作序，为其诗文集作评。清康熙十年(1671)李渔游苏州时，在端午节前邀尤侗等人在他的寓所百花巷聚会，并让其家班演出《明珠记·煎茶》这场戏。事后，大家赋诗酬和。李渔也作诗记此盛会，序云："端阳前五日，尤展成。"端午节后，他们再次集会观戏，余詹心还带来三阁善歌的幼童助兴。事后，又写下不少酬和之作。

时称"南施北宋"两大著名人士施闰章和宋琬。其中施闰章(1618—1683)，字尚白，号愚山。宣城(今属安徽)人。清顺治六年(1649)进士，官江西布政司参议，分守湖西道。康熙十八年(1679)举博学鸿词科，授翰林院侍讲，迁侍读学士。工诗，与宋琬齐名，时称"南施北宋"，为"燕台七子"之一。著有《愚山诗文集》、《矩斋杂记》等。施闰章任江西参议守湖西道时，卖坐船作回乡计，作《卖船诗》，相和者众。李渔游闽路过临江时，也作《卖船行和施愚山宪使》一诗唱和。施愚山也为李渔的《论古》作评。宋琬(1614—1673)，字玉叔，号荔裳。汉族，莱阳(今属山东)人。顺治四年(1647)进士，授户部主事，累迁吏部郎中，出为陇西道。顺治十八年擢浙江按察使至康熙十一年起用，授四川按察使。曾修订《秦州志》13卷。其生平事迹《清史稿·文苑》中有传。李渔曾多次登门拜访，1653年李渔《意中缘》问世后，宋琬曾为之作序。

江东三大诗人之一龚鼎孳(1615—1673)，字孝升，号芝麓。合肥(今属安徽)人。明末清初诗人，与吴伟业、钱谦益并称"江东三大家"。崇祯七年(1634)进士,龚鼎孳在兵科任职。龚鼎孳在明亡后,"闯来则降闯,满来则降满"形容他。他为人风流放荡,不拘男女,著有《定山堂集》等,和李渔投其所好,相交甚欢,曾为李渔的小说《肉蒲团》作评。

著名诗词评论家王世祯(1634—1711),字子真,一字贻上,号阮亭,别号"渔洋山人",清山东新城(今山东淄博市桓台县)人,累官至刑部尚书。以其卓越的诗学理论和诗歌创作成就在中国文学史上占有重要位置,被誉为清初诗坛领袖、一代诗宗。他于清顺治十二年(1655)成进士,1659年选授扬州府推官。康熙三年(1644)内迁京官,历任翰林院侍读、詹事府少詹事、都察院左副都御史、刑部尚书等职。王士祯一生著述丰富。《秋柳四首》是其成名作。主要有《带经堂集》、《渔洋诗文集》、《渔洋精华录》、《居易录》、《池北偶谈》、《香祖笔记》、《分甘余话》等三十余种、四百余卷,其文体达数十种,仅创作的诗歌就有四千余首。李渔在扬州云游时与其结交,作有《复王阮亭司李》书、《天仙子·寿王阮亭使君》词。

一代名著《板桥杂记》的作者余怀(1616—1696),字澹心,一字无怀,号曼翁、广霞,又号壶山外史、寒铁道人,晚年自号鬘持老人。福建莆田黄石人,侨居南京。著有《味外轩文稿》、《研山堂集》、《板桥杂记》、《三吴游览志》等。他与杜浚、白梦鼎齐名,时称"余、杜、白"。余怀为《闲情偶寄》作序,对李渔的才气大为赞赏。

著名诗人周亮工(1612—1672),字栎园、元亮,号长眉公、栎下先生。金溪(今属江西)人,生于江宁(今南京)。明崇祯十三年(1640)进士,官御使。仕清,历任两淮盐运使、福建按察使、左副都御使、户部右侍郎,曾两次获罪,后闲居于江宁。著有《赖古堂集》、《书影》、《同书》、《盐书》等。李渔寓居金陵时与其相交。李渔的芥子园建成时,周亮公赠手卷额"天半朱霞",还经常去芥子园观看李渔家班的演出,并为李渔的诗文集、《闲情偶寄》作评,为《资治新书》二集作序。他与李渔一样喜欢选编同时代的文集和书信集。

李渔的朋友中,有一类既为官员,又是文人,李渔与他们的交往,文学上的意趣相投多于"打抽丰"。譬如上文提到的诗人龚鼎孳,1664—1666年任刑部尚书,1666—1669年任兵部尚书,

第二章 李渔生平及《闲情偶寄》产生的时代背景

1669—1673年任礼部尚书；索额图在1669年任大学士，1672年任太子太傅；范承谟（1624—1676）任福建总督；陈启泰1674年任福建巡海道；贾汉复（1606—1677）1662至1672年任山西巡抚；刘斗1661至1670年任甘肃巡抚，后继任福建巡抚。

李渔年轻时受新任婺州司马许檄彩之盛请，做了幕客。后又结识新任知府朱梅溪，两人志趣相投，来往甚为密切。朱梅溪盛邀李渔去城东南隅的八咏楼赏景，并为此楼题联。此楼是历代文人墨客吟咏之盛地。南宋李清照曾登临此楼，并作《题八咏楼》。因为有了前人的名篇，后人便不敢轻易吟诗撰联。李渔当即作了"沈郎去后难为句，婺女当头莫摘星"①一联，令人拍案叫绝。朱梅溪命人制匾后悬于楼柱上。

钱谦益（1582—1664），字受之，号牧斋。江苏常熟（今属江苏）人。明万历三十八年（1610）进士，历官至礼部右侍郎、翰林院侍读学士。南明弘光朝任礼部尚书。清顺治二年（1645）降清，授礼部右侍郎，不久乞归。其学问渊博，为明清之际文坛之宗主。与吴伟业、龚鼎孳并称为"江南左三大家"。有《初学集》、《有学集》、《投笔记》等，另编有《列朝诗集》。顺治十八年（1661），钱谦益时年八十，游杭州西湖，李渔在适轩与其相见。钱谦益为李渔作《李笠翁传奇序》，后又为李渔诗文作评。

丁澎（1655—1678），字飞涛，号药园。回族。浙江仁和（今杭州）人。清顺治十二年（1655）进士，官刑部主事，迁礼部郎中。后主河南乡试，以罪废，康熙四年（1665）始放归。工诗词，被称为"西泠十子"。在京中，又被称之为"燕台七子"。著有《扶荔堂集》、《扶荔词》、《白燕楼诗》、《信美轩集》。李渔最初与其相识于金华，如丁澎所作的《笠翁诗集序》曰"顺治初即识之于婺州，谈说时务，欢然无所忤。时李子方少壮，为任侠，意气倾其坐人"②后丁澎自塞上放归，又在金陵与李渔相聚。李渔曾作《与丁飞涛移部》一书、七律《赠丁药园仪部》等。丁澎也为《笠翁诗集》作序，为

---

① （清）李渔：《李渔全集》卷二，浙江古籍出版社2000年版，第3页。
② （清）李渔：《李渔全集》卷一，浙江古籍出版社2000年版，第182页。

第二节 《闲情偶寄》产生的时代背景

《论古》作评,是李渔的幼时好友。

赵声伯,生卒年不详。名时揖,字声伯。浙江绍兴人,一曰钱塘(今杭州)人。流寓江宁,任教官。李渔移家金陵,多赖其帮助。李渔在《柬赵声伯》书中,请其在江宁代觅安家之所;又在《与赵声伯文学》书中,感谢其为家人治病,后赵声伯赴浙江定海任职,李渔作七律《送赵声伯之官定海》相赠。赵声伯曾为李渔的诗文集作评。

柯岸初,生卒年不详。名岸耸,字岸初,号素培。浙江嘉善人。清顺治六年(1649)进士,授枣阳知县,官至通政司左参议。著有《存古堂文稿》、《帘静轩集》等。李渔在康熙十二年(1673)再次游历京师时与其相交,并受其款待。李渔有《复柯岸初掌科》二书,感谢其再三挽留,又作《菜根篇谢柯岸初给谏》,谢其惠菜。柯岸初也为李渔诗集作评。

在李渔的交友中也有布衣之士,或为未得功名的诸生,或为幕客,或为隐士。李渔与他们是文学上的知音,其中主要有:

纪伯紫(1609—1681)名映钟,字伯紫,自称钟山遗老。江南上元(今南京)人。明诸生,复社领袖。入清不仕,入龚鼎孳府中为幕客十载。晚年避居仪征(今江苏)。工诗文,著有《真冷堂集》、《补石仓集》等。李渔在龚鼎孳府中与其相识,并多受其关照。李渔有《与纪伯紫》书和《寄纪伯紫》诗。纪伯紫曾为李渔的诗文集与《论古》作评。李渔还有一个重要的布衣朋友陆圻(1614—1705),字丽景,号讲山。钱塘(今杭州)人。明贡生,与陈子龙、夏完淳等交善。早负诗名,为"西泠十子"之一。著有《威风堂集》、《从同集》。相传是《明史纪略》的编辑校对人之一[①]。李渔于顺治中期与

[①] 《陆圻传》,见《杭州府志》,第 2754~2755 页。关于陆圻及其全家在"明史案"的可怕经历,他的女儿陆莘有详细描写。1662 年 12 月陆圻受到"明史案"的牵连,因为陆圻被列为《明史纪略》的编写和校对人之一,而该书对清政府有诋毁之词遭到厄运。陆圻全家入狱,几乎被全部处死。后因为陆圻在地方小有名气,和地方官员熟悉,向官员说明他没有参与此书的实际编撰,并且不知道自己的名字被列在其中,所以,在 1663 年 6 月被释放回家。关于这个案件,又见吴山嘉《复社姓氏传略》(1833 年,杭州 1961 年再版)第 2~3 页。受这个案件牵连的有一千余人,其中七十多人(也有史料说 221 人)被处死,其女眷流放新疆。这是清朝最大、最冤枉的文字狱事件之一。

其在杭州结识,作有《闻老友陆丽景弃家逃禅寄赠二首》等诗。陆圻也作有《贺李笠翁新娶》一书,并为其诗文集、《闲情偶寄》、《论古》作评。胡彦远(1616—1664)初名士登,改名介,字彦远,号旅堂。钱塘(今杭州)人。名明诸生,入清不仕,隐于山水间,后游京师。工诗,著有《旅堂诗集》、《旅堂文集》、《河渚集》。李渔与其相识于杭州,有《复胡彦远》书及《答胡彦远述游况萧索》诗。胡彦远曾为李渔的《奈何天》传奇作序,为诗集、《论古》作评。

李渔的布衣朋友还有孙治(生卒不详)①和毛先舒(1620—1688),两位都在诗词领域有极高的成就,也是当时有名的批评家,他的《一家言》也请二位批评。对李渔来说,孙治和毛先舒是非常重要的和有益的批评家,他们对李渔的文学创作产生了深远的影响。还有像胡介(1616—1664)、医学家徐行和沈宜民、纪元(1655年进士)、园艺家翁少君。当然还有当时最为有名的一名女友人女诗人女画家黄媛介(1645—1655)②,出生世家,诗词画无所不通。关键在于她的创作精神和浪漫的生活方式与李渔非常相似,

---

① 孙治(约公元1661年前后在世),字宇台,浙江仁和人。生卒年均不详,约清世祖顺治末前后在世,与陆圻、陈廷会等齐名友善,称"西泠十子"。精于京氏易及潜虚,尝与陆圻各占晴雨,皆验。人颇异之。笃于友谊,吴百朋宰南和客死,往经纪其丧。治文刻意摹古,以著述称于时。四方求文者,户外屦满。著有鉴庵集《清史列传》传于世。

② 黄媛介,字皆令,明末清初浙江嘉兴人。文学家黄象三(有作象山)妹,黄葵阳族女。与姊媛贞(字皆德)俱擅丽才,而媛介尤有声于香奁间。沈宜修辑当时女子才甚者十八人之作为集,名《伊人思》,媛介为作者之一。媛介本儒家女,性情淑警,髫龄即娴翰墨,好吟咏,工书画,以诗文出名,人以卫夫人目之,为世所称赏。她一生创作颇丰,著有《南华馆古文诗集》、《越游草》、《湖上草》、《如石阁漫草》、《离隐词》。顺治十五年,黄媛介与梅市胡夫人、祁修嫣等唱和得《梅市唱和诗钞》,有毛西河作跋。然以上诗集皆已佚失,现存《黄媛介辑本》为后世所辑,据胡文楷《历代妇女著作考》所载:"今从《然脂集》辑得二十五首(《越游草》十五首,《湖上草》六首,《扶抡续集》一首),《诗源》一首,《诗媛十名家撰》二首,《撷芳集》九首,《彤奁续些(上)》二十首,《梅村诗话》八首,《柳絮集》七首,《两浙輏轩录》二首,共七十一首,录成一卷。"

第二节 《闲情偶寄》产生的时代背景

二人很是投缘。黄媛介曾为李渔的传奇《意中缘》作序①。

与李渔结识的还有当时著名的艺术家们，其中就包括王棨、王蓍和王臬，王氏三兄弟是当时著名的花鸟山水画家。还有南京八大画家中的樊圻和吴宏两人，更是在山水界享有盛名。还有为人仗义、多才多艺的书画家程邃，他精于绘画、书法、篆刻，是当时闻名遐迩的艺术家之一。还有一位女艺术家王端淑，也是李渔的知交，她既是作家，也是有名的画家和书法家，还曾为李渔的《比目鱼》小说作序。以上的画家和书法家们对李渔的艺术修养的养成起了至关重要的作用，特别是王氏三画家还是李渔印书馆出版的《芥子园画传》中的主编和插图作者。此书在今世依然为许多国画书法爱好者所挚爱，是众多国画初学者的范本。

李渔也结识了几位当时的赫赫有名的历史学家，正史《明史》主要编撰之一王鸿绪（1645—1723），著名的《明史纪事本末》编撰人户部主事、寻迁员外郎谷应泰（？—1689），《钦定大清统一志》总编徐乾学（1631—1649），《（清）太宗文帝实录》主编李蔚（1625—1684），《中山沿革志》和《使琉球杂录》作者王楫（1636—1699），著名的历史学家曹溶（1613—1685）因撰写了《崇祯五十宰相传》而闻名天下，和李渔是至亲好友。所有这些声名显赫的历史学家和李渔成为好友，一方面极大地提升了李渔编写文化史料的层次，另一方面使李渔耳闻目染，也扩大了视野，让他对历史产生了浓厚的兴趣。

所有这些友人，身居高位的高官们也好，著名历史学家、文学家、书画家、戏曲家也罢，无疑都承认李渔非凡的天赋。他们对多才多艺的李渔都很感兴趣，也十分尊重他。在一个非常注重功名的社会，李渔作为一介平民，也非出身世家，没有功名，更没有任何政治关系，但被社会精英们视为友人，不但和他们拥有相同的社会地位，还接受着他们各种各样的帮助，这种情形实在难得。特别是李渔在杭州、南京的日子里，这些友人给予李渔更多相互交流的机

---

① 黄媛介：《意中缘·序》，载《李渔全集》卷八，第3223页。黄媛介的眉批印在李渔的剧本上。

会,这一阶段也成为他一生中创造力最为丰富、著作最多的时期。李渔的朋友大致分为两类人,另一类是属于正统文人,如钱谦益、丁澎、王鸿绪等人,他们受儒家影响较多,强调伦理;另一类是属于闲散文人,如孙治、毛先舒等人,注重休闲与娱乐,不求名利,追求自然。这两类人使得李渔的行为方式及文笔文风受其影响颇大,代表作《闲情偶寄》所反映的李渔的生活体验和精神实质与这帮友人的喜闻乐见是分不开的。可见该书涉及范围广博,一方面依据的是他个人的亲身体验、亲手制作和亲身的体会,积极提出新思考课题、新创意、新理念、新娱乐的方式、制造出的新器具;另一方面和这帮闲人团体的杂谈交流与游乐相融的行为息息相关。李渔的成就如此巨大,并成为同一时期文人中最为多才多艺、猎奇范围最为广阔、思想和行为最为激进突出的一人,这与他的社交圈为其提供的广袤营养有很大的关系。

第三章 李渔所涉及的造物活动及其同时代的造物艺术

笔者就此撇开李渔在文学、戏曲方面的成就,为世人展开一幅前人尚未深入探究的画卷——对李渔造物思想的研究。本章将联系李渔所处时代民间工艺的发展状况、明清社会思潮的转变及当时社会居民的生活习惯等外在条件,重点对其巨著《闲情偶寄》进行详读和分析,力求参透其中博大精深的造物思想。

第一节 李渔所处时代的社会及造物艺术

明清之际,随着资本主义的萌芽和滋长,市民阶层在整个社会群体中不断成熟壮大,封建社会的内部格局发生了明显变化,期间形成的明清社会思潮为李渔的造物提供了独特的人文环境。士人们各自境遇的不同,直接造成了其阶层内部的分裂,这一切反映在他们的造物思想上,使他们在造物过程中有了自己的构思与创新。士人们无不将目光投射到世俗生活,勤于对"物"的探索,李渔身处其中自然也深受影响。李渔"非富非贵",所以他造物倾向于"贵自然",以达到淡雅、质朴的审美要求,这样的追求贯穿他一生的艺术倾向。

清代是中国历史上一个集大成的时代,由于明清两代对外贸易发达,在工艺品的输入输出过程中,勤劳智慧的手工匠对舶来品加以吸收和消化,为明清时期工艺美术的发展注入了新的血液,形成了独特的风格和时代风貌。同时,由于政府对于各个门类的工艺美术的技术的重视,在前代的技术上更加精益求精,重视造物历史、重鉴赏、重技艺,致使清代的装饰工艺较之前获得了长足的发展,其装饰工艺水平达到了前所未有的繁荣和高度，当时的欧洲也受到"中国风"的影响，为"中国风"而狂热。这一时期的工艺美术，以明式家具最负盛名。其设计理念将实用、经济与美观相结合，其形制、式样便于生活且富于美感，造型简洁，线条流畅，令人流连忘返。直到现在，明式家具依然备受推崇，经久不衰。李渔很好得继承了其中的设计理念，在《闲情偶寄》之"屋室部"和"器玩部"对室内陈设和家具陈设的描述中"室贵精不贵丽，贵新奇大雅，不贵纤巧浪漫"可领略其实用造物的基本原则。由于在中国传统造物设计中，处处体现着"天人合一"的文化精神，其中在中国古代园林设计中表现得也相当突出。明清时期的园林被称为"壶中天地"，虽空间窄小但容纳万物，其暗藏无限深广的天地意识。现存的苏州拙政园、上海的豫园等都是明清时代的园林佳作。园林讲究四季有景，在壶中天地欣赏自然万物，陶醉于向往中的自然正是士大夫一族造园的目的之所在。园林中亭、台、楼、阁、山、水、植物无一不是为了表现自然、效法自然而设。李渔的"芥子园"，也正是"谓取芥子纳须弥之意"①，明确道出了中国园林容纳百川的天地意识。

中国社会在明末清初所呈现的由盛至衰的大趋势，既是对物质形式又是对精神形态的造物设计活动的影响是十分明显的。这一段时期的造物艺术几乎将历史上的工艺技术发挥到了顶峰，在技术的引领下，繁琐堆砌、极尽华丽、格调低下、流于庸俗和匠气的造物设计充斥整个社会，从历史社会的整体来看，这一段时期的清朝社会造物设计基本处于停滞状态。在清朝，"知者创物"的观念不再被持有或继承，人们转而认为"造物"是工匠从事之职业，设计这一原本引领造物发展的智能技能，沦落到了低级的工匠地位。② 17世纪所谓的"中国风"、"中国学派"很好得做到了对历史的承前却没能达到对启后的延续。同一时期的欧洲，随着科技革命和工业革命

---

① （清）李渔：《一家言全集》，载《李渔全集》卷四，浙江古籍出版社2000年版，第252页。

② 邵琦等：《中国古代设计思想史略》，上海书店出版社2009年版，第144页。

的急速发展，工业设计及机械与日用制造业蒸蒸日上、一日千里。当时市场上的洋布、洋烟、自鸣钟、鼻烟壶等进口洋货成为社会追逐的时尚货品。而在这一时期，作为统治阶级的清政府大力提倡"道统"文化，倡导"尊孔讲道"，道家"天人合一"的思想在造物活动中仍发挥着主导作用。与自然的交融是人类最原始的需求，中国人将这一需求发展成为一种特有的宇宙观，将自然与人联系起来，在不断地探索中寻求"天道"与"人道"的和谐一致。这种过分强调"理""气""道""器"且重唯心的美学思想，促成了适用与欣赏的分离，成为清代陈设工艺与装饰发达的重要原因。不可否认，清代的装饰工艺之精湛，的确有令人赞叹的部分，然而这种设计文化往往导致器物的发展停留在造物表面化的层面上，纯粹的肤浅化、感官化就会使得造物的发展注重于造物表层的视觉效果的雕琢，从而缺少原创性和创新性，这会丧失精神层面和文化层面的内涵。这种表象化的造物设计从造物历史的眼光来看，与我们民族造物设计思想的发展宗旨是背道而驰的。这也说明了以儒家思想为主体的传统造物观已经不能再适应新的生产方式的需求，长此以往，成了清代社会落后基于新型工业革命基础之上的西方列强的根本原因之一。

在这个时期，清代的中国社会拥有与自身的生产和生活方式相适应的一整套传统的工艺技术，社会上的平民阶层在自己的屋檐下乐安天命，社会上的精英阶层也乐于安享自己自身的生活形式。从中国大的历史背景来看，清朝初期的造物设计水准也是适应于当时的农耕自然经济的生产力发展需要的，表现的是当时社会发展的实际品质。这样看来，李渔在《闲情偶寄》中所体现的居室巧思和置物情趣就显得见解独特而又让人耳目一新的了，其中涉及的审美心态、鉴赏标准、创新方法以及造物原则等，虽受计成、金圣叹、文震亨等人的影响，但李渔的造物思想却是独树一帜的。

第二节　李渔的艺术个性

前文中，谈到外在环境对李渔造物思想产生的影响，我们可以将其理解为时代赋予他的共性。接下来归结到李渔自身，正所谓

第三章 李渔所涉及的造物活动及其同时代的造物艺术

"自出手眼",从一定意义上说,艺术就是个性的体现,没有个性也就没有了艺术。

李渔极富个性而又充满矛盾,用北京人民艺术剧院院长刘锦云的话来说李渔是一个矛盾体。他归纳了李渔的三个矛盾:第一是为官的矛盾。他曾做过官僚豪绅的幕僚,厌恶官场之体又不得不游走其中。第二是艺术与世俗的矛盾。李渔的才情很高,但为生计不得不接受官僚豪绅的思想,不得不迎合他们的审美情趣。第三是他性格的孤傲和卑贱的矛盾。李渔淡于功名,不求闻达,性格孤傲,但他为了养家,什么事都可以做。给人唱堂会,甚至给人哭丧的事他也干。在他身上有太多矛盾体,也恰恰是这些矛盾塑造了李渔的艺术个性。

前人对李渔文学创作上的艺术个性给予了很多描述。归纳起来主要有以下特征:第一,他的文学作品大多带有浓厚的生活气息和新奇的见解,处处洋溢着强烈的自我意识和远见卓识,给人以启示。第二,其作品体现强烈的文人虚构意识,在作品中寄托鲜明的自我形象。正所谓"传奇无实,大半寓言耳"①,正是他这种自我的调侃,才使其文学作品极具思想内涵且超凡脱俗、独具魅力。第三,李渔提出了有别于传统创作思维的娱乐化的创作思想,其中也不乏自娱的成分,娱人和自娱在李渔身上水乳交融。其晚年作《偶兴》诗,总结一生创作旨趣,"尝以欢喜心,幻为游戏笔。著书三十年,于世无损益。但愿世间人,齐登极乐国。纵使难久长,亦且娱朝夕。一刻离苦恼,吾责亦云塞。还期同心人,种萱勿种檗。"②

李渔在造物过程中的艺术个性与其文学创作有异曲同工之妙,他的造物灵感来源于生活,归结于真实。尽管境遇不淑,但李渔一颗热爱生活的心却始终不曾改变,他游历在生活中发现美、探索美、创造美,挖掘出人们所需要的美与快乐。在现实生活中,李渔

---

① 邵琦等:《中国古代设计思想史略》,上海书店出版社2009年版,第168页。

② (清)李渔:《一家言诗词集》,载《李渔全集》卷四,浙江古籍出版社2000年版,第25~26页。

是一位追求享乐且精于享乐的人,他既多欲多求,又多才多艺,游山玩水、观花赏月、耽溺声色……充满了生活的情趣,也充满了玩世的快乐精神,令人很容易联想到晚明文人所张扬的"快活"思想。多欲多求则造物之灵感丰盈,多才多艺则造物之技艺高超,再加之李渔天性巧慧,以求新求奇求巧为快,所以李渔的造物活动总显得那么与众不同、独树一帜。

　　文人的气质使得李渔在造物过程中更加如鱼得水。文学家往往拥有比常人更为敏锐的感官系统,他们的作品源于心而出于情。对于文人而言,往往极微小的触动都能激起心中的涟漪,随之便产生一系列的探索实践过程。因为文人天生向往诗意,他们便处处注重提升那些诗意的成分,所作之物如一杯好茶,入口虽淡,但再三品尝则回味无穷。李渔作为一位极富情趣的中国文人,他的个性中既有文人的诗情画意,又有艺术家的愤世嫉俗。然而李渔的不幸也恰恰表现于此,由于身处乱世,身不由己,他的精神世界只能借《闲情偶寄》舒展筋骨,于是这部闲书就成了最接近他的精神征兆。

　　乱世中的李渔没有权力选择抗争,他和大多数文人一样尘封自己在精神上的追求,在现实生活中苦苦挣扎,尝尽了夹缝中生存的滋味。但现实的残酷也未使其沉沦,反而顽强地开出了一朵娇艳之花。有限度的妥协和自辟蹊径的进取体现在他的作品中。他关注大众精神需求的满足以及由此带来的丰厚利润,正所谓物质诚可贵,精神价更高。其创作目的和大多数现代文艺工作者有异曲同工之妙。

　　李渔遵从崇真务实的理性思维,其造物的初衷源自日常生活的需求,目的在于提升大众的审美情趣。李渔一生的造物行为无一不是在日常生活中泛化其艺术的情趣。可以说在中国历史上能如此自觉地把生活和艺术贯穿始终,把个人创作与大众品位沟通相互融合,把艺术实践和理论总结融会贯通的中国古代文人的确找不出几个,李渔便是其中的佼佼者。

第三节　《闲情偶寄》中李渔所涉及的造物活动

　　李渔六十岁著《闲情偶寄》,应该说是对其一生艺术生涯的总

第三章 李渔所涉及的造物活动及其同时代的造物艺术

结与归纳。除了众所熟知的戏曲理论外，书中还论及了园林、居室、器玩、饮食、烹调、种植、颐养等诸多方面，展示了其独特的审美情趣和艺术品格。

《闲情偶寄》一书共分为"词曲部"、"演习部"、"声容部"、"居室部"、"器玩部"、"饮馔部"、"种植部"、"颐养部"八个部分，其中的每个部分都浸透着李渔的现实实践及对美的追求。与其造物有关的，则首推"居室部"、"器玩部"两部，"居室部"囊括了房舍、窗栏、墙壁、联匾、山石五个部分，是造园领域又一巨著，为后世的继承和发展留下了许多宝贵的财富；"器玩部"则教人如何在奇思妙想中制作多功能家具、生活器皿及摆放这些家具器皿的方式和方法等，其不但内容全面，涉及广泛且应用性也非常强。因此《闲情偶寄》也被称之为一部充满生活化的造物百科全书。

一、造园

明末清初是中国古代园林史上的辉煌时期。这一时期也是中国历史上重要的转型期，清兵入关后社会动荡不安，使得许多文人颇感仕途渺茫，园林成为他们仕场失意后的精神寄托，也成了他们出仕与退隐后心理调节的场所。因此江南地区私家园林异常兴盛，随之也涌现出许多园林巨匠和巨著，例如计成、文震亨等人，都是这一时期造园领域的活跃分子。计成所写的《园冶》被称为中国现存最早、最系统的造园著作；文震亨的《长物志》则更多反映了明末士大夫阶层清新脱俗、淡雅别致的造园思想。李渔在造园领域也颇具历史地位，其在《闲情偶寄》之"居室部"中的造园理念代表了当时文人造园的最高境界，是继《园冶》之后又一部享誉世界的造园名著。文章重点突出，观点明确，通俗易懂，更易被个人理解接受。

李渔本人就是造园大师，其参与建造过的园林无数，其中较为有名的是芥子园、层园、伊园、半亩园、惠园等。在长期的造园活动中其总结出一整套完整的造园艺术理论，其中有《闲情偶寄》的"居室部"、"种植部"、"器玩部"，洋洋洒洒数万言流传于世。

《闲情偶寄》中的所感所想均出自其亲身经历。李渔自感在造

第三节 《闲情偶寄》中李渔所涉及的造物活动

园领域颇有建树,在"居室部"之"房舍"的小序中称自己"生平有两绝技",其一就是"置造园亭"。也许有人会说,造园养花那是有钱人才能享受的情趣,贫寒之人是无福消受的。然而李渔却认为即使是贫寒之人,只要你的胸中有山水,一样能获得同样的雅趣。李渔"非富非贵",但这并不影响其徜徉于园林之中的心智,他不但亲自参与造园,而且还在其中参透了许多他造园的独特思想,下面我们就来细细品读。

李渔提倡一种建立在人对房舍依存之上的"人居和谐"。在《房舍》的序言中,李渔开篇便说"人之不能无屋,犹体之不能无衣。衣贵夏凉冬燠,房屋亦然。"①李渔将房屋比做衣服,体现了其在日常生活中的重要地位。

李渔还提出了"房舍与人,欲其相称"的空间概念,此概念是对"天人合一"自然观的直接继承。在《闲情偶寄》中,李渔道出了其出入于豪绅贵族居室的真实感受:厅堂高数丈,屋檐也宽数丈,气势固然壮观,然而这样的房子只适宜在夏天居住,却不适宜在冬天居住。李渔希望贵族们的房屋不要建造得太高太大,房屋和人应该彼此相称,也就是"和谐"。中国文化以"和谐"为美,所谓天地之美莫大于和。在建筑上则讲究天人之和与阴阳之和,主张以高矮大小适当为宜。李渔引用山水画的要诀:"丈山尺树,寸马豆人。"意思是绘画中主体与客体之间若是比例失调,就没有和谐之美可言了。建造房屋亦是如此,接着李渔直接拿人与屋来理论:"使显者之躯,能如汤文之九尺十尺,则高数仞为宜,不则堂愈高而人愈觉其矮,地愈宽而体愈形其瘠,何如略小其堂,而宽大其身之为得乎?"②他的意思是:假使显贵的身躯能像商汤和周文王那样高达九尺十尺,那么房屋要高达数丈才合适,否则,房子越高就显得人越小,地面越宽就显得人越瘦,还不如把房子建得小一点,使自己的身材显得高大魁梧些。

李渔提倡"人居和谐"的另一个方面体现在阴阳之和,也就是

---

① (清)李渔:《闲情偶寄》,上海古籍出版社2000年版,第180页。
② (清)李渔:《闲情偶寄》,上海古籍出版社2000年版,第180页。

风水之和。这里的风水是指房屋周围的环境、朝向、采光等条件。李渔主张"屋以面南为正向"。中国人建房讲究"屋以面南为正向",不仅可以保证阳光充足照射,而且还可以得风得水。如果房子的朝向因地势及周围环境不可朝南的,李渔也有办法,他说:"然不可必得,则面北者宜虚其后,以受南薰;面东者虚右,面西者虚左,亦犹是也。如东、西、北皆无余地,则开窗借天以补之。牖之大者,可低小门二扇;穴之高者,可敌低窗二扇,不可不知也。"①意思是说:正面朝北的房子适宜在屋后留出空地,用来接受南风;正面朝东的房子就要在右面留出空地;正面朝西的要在左面留空都是为了接受南风。如果房屋外各处都没有空地,就要开天窗借天风来补救了。一扇大窗户可以顶得上两扇小门;一扇开的高的窗户,可以抵得上两扇开得低的窗户。李渔在这里强调房屋建筑要以对人的身心健康有益为准则。

此外房屋之建造也忌讳像平地一样,必须有高低起伏的轮廓,但亦要把握因地制宜的方式方法。地势高的地方造屋,地势低的地方建楼;或将地势高的地方变得更高,在高坡上修葺亭阁,将地势低的地方变得更低,在潮湿低洼的地方挖塘开井,也是改变房屋风水的好方法。此造物之法,不仅使得房屋与地势融为一体,互为衬托,舒心赏目,也能改变人居环境,透风采阳,人景交融,使人身心舒适。

李渔造园理念还讲求"别出心裁,删繁去奢"。别出心裁就是强调创新,它是中国传统造物活动中的一个重要特色。李渔将这一思想贯穿于整个窗栏设计的始终。他极力推崇设计的匠心独运和别具一格,常常自己设计窗栏的样式,有了设计方案后,便应之于手,吩咐匠人,如此这般而行。

李渔认为在设计窗棂和栏杆时,最重要的就是保证其坚固耐用,其次才是讲究设计的精巧与美观。归结起来就是两句话:"宜简不宜繁,宜自然不宜雕斫。"②他设计的窗栏款式多样,除常见的

---

① (清)李渔:《闲情偶寄》,上海古籍出版社2000年版,第182页。
② (清)李渔:《闲情偶寄》,上海古籍出版社2000年版,第189页。

纵横、欹斜、屈曲三种格式外,还设计了湖舫式、外推板装花式、花卉式、虫鸟式、山水式、尺幅式、梅窗等窗栏,每一种窗栏的制式都独具匠心。在众多窗栏中以梅窗最为出众,连李渔自己也认为其乃"生平制作之最佳"。梅窗是李渔巧用几根枯枝制出的天然窗花。李渔将榴、橙等树欲烧未烧之残枝,不加斧凿做出窗的外轮廓,再取树枝一面盘曲、一面稍微平直的分别做成两株梅树,一株从上自然垂落,另一株则从下向上仰接。"俨然活梅之初着花者","同人见之,无不叫绝"。

"删繁去奢"也是李渔窗栏设计中的一个重要内容。李渔在《闲情偶寄·居室部》中重点强调了建造窗栏时"宜简不宜繁,宜自然不宜雕斫"的原则,这也是做任何事都要遵循的规律。李渔认为任何人为雕砌的事物都是一种表面现象,其生命力都不会长久,这与当今设计界推崇简明时尚的低碳设计不谋而合。李渔在三百多年前就已经明白了这个道理,足见其造物思想之先进性。简单外形比繁杂的更不容易过时,工匠造物时也要顺应事物本质。所以,只有简单和顺其自然,才能设计出坚固耐用、美观大方的窗栏,也才能发现艺术与生活中的大美。

在窗栏设计上,李渔还提倡"虚实相生,含蓄蕴藉"。为此他提出了窗栏设计的"借景"法。李渔住在西湖畔的时候购买了一艘小船,他在湖舫的两侧设计两个扇面窗。坐在船中,畅游西湖,两岸风光仿佛一幅天然的画卷般尽收眼底,而且时时变换。此外,他所设计的"山水图窗"、"便面窗花卉式"、"便面窗虫鸟式"等也都采取了这种方法。这种借外补内、内外统一的互借方法,既体现了虚实相生的美学意蕴,也体现了整体和谐的设计观,营造出诗情画意的审美意境。

除此之外,李渔在治墙方面也有独到的见解。李渔把"治墙"与"治身"结合起来,认为"富人润屋,贫士结庐,皆自壁始"。他指出,只有城墙坚固了,国家才能不倒,墙壁坚固了家才能稳固。同样的道理,"人能以治墙壁之一念,治其身心,则无往而不利矣"。如果人要是能用修治墙壁的道理来修治自己的身心,就没有什么做起来不顺利的事情了。"一家筑墙,二家好看,居室器物之有公者，惟墙壁一种。"墙不仅是给自己看，外侧一面还要给别人看。在这里李渔突出了墙的装饰美化作用，这与许多人对待墙的态度不同。大多数人只顾自己不顾他人，朝向自己一面的墙总是粉刷得十分讲究，外墙却不修边幅，非常粗糙不雅。李渔认为这种现象之所以根深蒂固地存在，主要是治墙者没有治理好自己的身心，没有把公私位置放正确。李渔认为人生活在社会中，应多为别人着想，而不能时时处处只考虑自己。因而粉刷好自己房屋的墙壁，不仅是一个美观问题，还是一个是否具有公德之心的道德问题。

除了墙壁，李渔还谈到了联匾。李渔把题联做匾视做一件雅事，他在《闲情偶寄·居室部》中重点叙述了自己取材的经验。李渔在此章介绍了诸如蕉叶联、此君联、碑文额、手卷额、册页匾、虚白匾、石光匾、秋叶匾等样式各异、材质有别的匾额，件件别出心裁，处处洋溢出李渔内心世界的风雅与别致。

"居室部"的最后一章中，李渔谈到了园林之中山石的创作。李渔造园讲究"主人神情"在建筑中的作用，即"以人的经验"为出发点看待人和事物。在"鸠匠"与"主人"在建造中的关系和作用方面，李渔更有自己的高见。李渔在《山石》序言中说"造物鬼神之技，亦有工拙雅俗之分，以主人之去取为去取。"在造物过程中也有精巧与笨拙、高雅与低俗的区别，这种分别是以主人的取舍作为取舍的。主人的情趣高雅且追求精巧，那么造出来的山石就精巧而又高雅；主人要是情趣低俗而且笨拙，那么造出来的山石也就不成为石了。正所谓"主人雅而取工，则工且雅者至矣，主人俗而容拙，则拙而俗者来矣。"在建园造石过程中，工匠必须服从主人的意旨，按照主人的喜好去工事。只有这样，园林中一花一石，一草一木才能凸显主人的情趣和为人。

二、家具

李渔在"居室部"和"器玩部"中对家具的陈设和设计有着较为详细的描述。其家具设计以实用为原则，即"凡人制物，务使人人可备，家家可用。"李渔十分重视物对人体感知和需求的适应，利用冬夏两季人体对温度、湿度不同需求的特点设计出暖椅和凉杌。

同为坐具，暖椅的玄机在于其脚踏之处安有一金属抽屉，其中放入少许炭火和香料，在寒冷的冬季不仅解决了普通躺椅冰冷难用的弊病，同时香气四溢，对净化居室环境也起到了积极作用。除此之外，暖椅还兼具床、几案、轿子、熏笼等功能，既可倚靠暂歇、饮食就餐，又可游山访友、受衣暖身。此构思之巧妙、功能之全面使现代人都不得不啧啧称赞。

李渔还发明了一种专为度夏设计的凉杌。具体的制作方法就是将杌面清空，里面安设一四面嵌有油灰的空匣，"先汲凉水贮杌内，以瓦盖之，务使下面着水，其冷如冰，热复换水……"①使室内及工作区都能有效降温。至于上面覆盖的瓦片，也颇有讲究，其规定"此瓦须向窑内定烧，江西福建为最，宜兴次之，各就地之远近，约同志数人，敛出其资，倩人携带，为费亦无多也"。②

除了桌椅，李渔对橱柜的设计也颇有研究："造橱立柜，无他智巧，总以多容善纳为贵"③。在这里李渔强调橱柜设计应注重容量而非器形。"其中有三小物必不可少，一曰抽屉……文人所需，如简牍刀锥，丹铅胶糊之属，无一可少……一曰隔板，此予所独置也……一曰桌撒……从来几案与地不能两平，挪移之时，必相高低长短，而为桌撒。"④(桌撒即木楔子)"制体极大，而所容甚少，反不若渺小其形，宽大其腹，有事半功倍之势。"⑤其次橱柜架格的分层要突出其放置器物的能力，能最大限度地储物并在实用的前提下最有效地节省空间。李渔还强调架板的灵活性，其意义在于方便对不同大小的物品进行收纳。其三，抽屉，层级的设置也要注重日常实用性及分类方法。这些观念都能从李渔《闲情偶寄》之"器玩部"中归纳总结出来。

李渔认为家具里最重要的就是床，他曾经形容躺在一张理想的

---

① （清）李渔：《闲情偶寄》，上海古籍出版社2000年版，第231页。
② （清）李渔：《闲情偶寄》，上海古籍出版社2000年版，第231页。
③ （清）李渔：《闲情偶寄》，上海古籍出版社2000年版，第237页。
④ （清）李渔：《闲情偶寄》，上海古籍出版社2000年版，第229页。
⑤ （清）李渔：《闲情偶寄》，上海古籍出版社2000年版，第237页。

床上的感受："人非人也,仙也。行起坐卧无非乐境。"床的设计也融合了其惯用的多功能性,他的床绝不仅仅只是床,因为床上还架着花,如此可以既倚枕,复对花。另外床帐的安排也非常讲究:"床居外,帐居内,常也,亦有反此旧制,而使帐出床外者,善则善矣,其如夏月驱蚊,匿于床栏曲折之处,有若负隅,欲其美观,而以膏血殉之,非长策也。"①床帐内设托板:"床帐之内,只设托板,以为坐花之具,而托板又勿露板形,妙在鼻受花香,俨若身眠树下。"②如此精妙的设计,真是连神仙也流连忘返。

三、器玩

李渔在《闲情偶寄》之"器玩部"中,除了谈到家具用品以外,还对炉瓶、屏轴、茶具、酒具、碗碟、灯烛、笺筒等日常器皿和玩物做了介绍。这里所谈器物都是平民百姓最普通的日常用品。然而,一般文人雅士对此是不屑谈的,李渔则不然,他对这些器皿玩好了如指掌。对于这些器物的实用和审美问题探索,其本意是在关注人的生活质量。

李渔置器,贮茗之瓶,只宜用锡,因为用锡作瓶,气味不泄;灯烛"多点不如勤剪",等等。李渔甚至曾改进过马桶,考虑前有陈继儒改制之马桶,为人呼作"眉公马桶",他以为有辱名士风流,不愿赴其后尘,所以"但蓄之家,而不敢取以示人,尤不敢笔之于书者"③。他为什么要这样事无巨细?因为"人无贵贱,家无贫富,饮食器皿,皆所必需"④。

《闲情偶寄》之"器玩部"为后人留下了许多李渔发明创造的经验。李渔在序言中还列举了两个例子,以此来说明只要善于动脑和动手,寻常器具都可成为诗意生活的素材。例如,瓮可以做成窗户,不但实用且大有上古风范,再比如,木柴可以做成门,选一些

---

① (清)李渔:《闲情偶寄》,上海古籍出版社2000年版,第235页。
② (清)李渔:《闲情偶寄》,上海古籍出版社2000年版,第234页。
③ (清)李渔:《闲情偶寄》,上海古籍出版社2000年版,第276页。
④ (清)李渔:《闲情偶寄》,上海古籍出版社2000年版,第227页。

造型美观的柴来做门,并使它疏密间杂,那么同样是门,却能区别出农户和儒门。

　　李渔主张艺术生活化。他主张,一件器物无论是购买还是改造都要讲求艺术与实用统一的原则。在介绍茶具时他说:"茗注莫妙于砂壶,砂壶之精者,又莫过于阳羡,是人而知之矣。然宝之过情,使与金银比值,无乃仲尼不为之已甚乎?置物但取其适用,何必幽渺其说,必至理穷义尽而后止哉!"①说到茶壶,李渔首推出阳羡的紫砂壶,阳羡就是现在的宜兴。明清以后,紫砂壶的造型艺术达到了很高的水平,成为当时许多文人雅士把玩的器物。但是,李渔并不完全认同有些人痴迷过度的行为,而是注重器物之本,把紫砂壶首先视为一种实用茶具。基于此,他对制壶形制进行了细致的探讨。他说:"凡制茗壶,其嘴务直,购者亦然,一曲便可忧,再曲则称弃物矣。"②认为茶壶始终都还是茶具,必须以壶饮为主要功能。无论是买壶还是自己做壶,都要追求实用,壶嘴就要直,只有这样才能出水流畅,避免阻塞。

　　除了紫砂壶,李渔在《闲情偶寄》中还深入探讨了储藏茶叶的器具。他说:"贮茗之瓶,止宜用锡。无论磁铜等器,性不相能,即以金银作供,宝之适以崇之耳。但以锡作瓶者,取其气味不泄;而制之不善,其无用更甚于磁瓶。"③李渔认为储茶当用锡制的器物,以防止茶叶香气的流失。论述精当明晰,同时也表明了他对于茶叶本性的理解。茶这种东西极易吸取异味,一旦暴露在空气中就会吸取其他东西的气味而改变品质。锡罐的封口极好,不易生锈,不像铜铁,放置潮湿一点的空气中过一段时间就会发生化学反应。可见李渔对于生活的体察多么细致入微。

　　若是市面上找不到自己满意的器物,李渔就会自己动手发明创造。比如,灯烛剔器。"灯烛剔法,终为难事"④。李渔发现会堂

---

① (清)李渔:《闲情偶寄》,上海古籍出版社2000年版,第247页。
② (清)李渔:《闲情偶寄》,上海古籍出版社2000年版,第247页。
③ (清)李渔:《闲情偶寄》,上海古籍出版社2000年版,第247页。
④ (清)李渔:《闲情偶寄》,上海古籍出版社2000年版,第252页。

第三章 李渔所涉及的造物活动及其同时代的造物艺术

上的灯,大多高高悬起,这直接提高了剪高灯时的难度,若不剪又影响视线。如何解决问题呢?李渔给出一套省工省时,宜宾宜主的方案,"灯烛剔器"。在整个设计过程中,李渔不仅考虑到灯烛剔器的结构、材质、制作,还从购买者、使用者、安装者、受益者的角度,详备妥帖地考虑他们与器物的关系,具体解决方案如下:"法于梁上暗作长缝一条,通于屋后,纳挂灯之绳索于中,而以小小轮盘仰承其下,然后悬灯。灯之内柱外幕,分而为二,外幕系定于梁间,不使上下,内柱之索上跨轮盘。欲剪灯煤,则放内柱之索,使之卑以就人,剪毕复上,自投外幕之中,是外幕高悬不移,俨然以静待动。"①从中可见李渔的造物理念与现代设计全方位、全过程为客户考虑的趋势完全一致。

李渔认为在布置居室器玩的时候,还要注重它们的位置与周围环境相适宜,提出安置器玩与安置人才是同一道理,"位置器玩与位置人才同一理也。"布置家庭与治理国家息息相关。他说:"他如方圆曲直,齐整参差,皆有就地立局之方,因时制宜之法。能于此等处展其才略,使人入其户、登其堂,见物物皆非苟设,事事具有深情,非特泉石勋猷,于此足征全豹,即论庙堂经济,亦可微见一斑。未闻有颠倒其家,而能整齐其国者也。"②由此可见,李渔提出陈列器物要遵从两个原则:其一是忌排偶;其二是贵活变。总结起来就是不要太呆板,要富于变化。就比如,香炉的摆放就应经常更换位置,具体以顺从风向为好。"若反风所向,则风去香随,而我不沾其味矣。"③

香炉、笺筒、灯烛等器物可以随意移动,排列变化很容易做到。即使是"不可动移"的房舍,李渔也主张要想方设法让它有"活变"之趣。要通过不断改换居住环境来取得令人耳目一新的审美效果。比如建造几间房子,让工匠把它们的窗棂门扇做得宽窄一致,

---

① (清)李渔:《闲情偶寄》,上海古籍出版社2000年版,第252页。
② (清)李渔:《闲情偶寄》,上海古籍出版社2000年版,第258页。
③ (清)李渔:《闲情偶寄》,上海古籍出版社2000年版,第259~260页。

但是式样有别，这样可以互相交换。同一处房子，把那一间屋子的门窗挪到这一间，或者仅仅变换一下家具的位置，便会让人觉得耳目一新，就像房屋搬迁了一样。

四、服饰

李渔虽从未亲自设计过任何一款衣物，但其精于服饰搭配的常识和技巧。他独到的眼光堪比当代任何一位形象设计师或时尚买手，其对服饰的审美及形象的规划令现代人都为之赞叹。李渔把衣食二事看做人类生存和发展的两件大事，《闲情偶寄·声容部》便以此为侧重，重点对服饰的本质和文化内涵进行了细致的分析。书中，李渔将审美情趣与实践紧密结合，处处彰显其以人为本的理念，从而也进一步引起我们对日常生活审美化问题的思考。

"妇人之衣，不贵精而贵洁，不贵丽而贵雅，不贵与家相称，而贵与貌相宜。"[①]这是典型的文人气质所造就的审美取向。素雅的衣物配以妙龄女子，更衬托其清新脱俗的气质。其次，衣物的选取不贵在与自己的家境相称，而贵在与自己的容貌相宜。人各有天资，各类容貌都有与之相配的衣服，甚至衣服的颜色也要按此规律挑选。肤白者适宜穿任何颜色的衣服，肤黑者则不宜穿浅色衣服。对于衣料的选取李渔也颇有研究。棉布、麻布、绮罗也都要根据不同的季节和本人的气质选取。至于颜色的选取其以青色（玄色）为例，列举所用之妙处。不论男女老幼、肤色黑白、地位高低贵贱，青色都能提升其气质，尽显素雅气质。

李渔还提到了披肩及其认为女子在日常穿戴时绝不可少的两样物件，一样是半肩，俗称"背褡"；另一样是束腰的带子，俗称"鸾绦"，有了这两样东西，即可修饰女性身材，使其达到最佳的视觉效果。他认为当时苏州人所崇尚的"百褶裙"甚是漂亮，但这样的裙子只适合在盛大的日子里穿配，而不适宜平常在家里穿。

李渔谈及女人的袜子时，认为在颜色选取上首推白色或淡红色，鞋子的颜色则以深红和青色最佳。袜子和鞋子的颜色相反，相

[①] （清）李渔：《闲情偶寄》，上海古籍出版社2000年版，第154页。

互对比之中才能显露出脚的美观。鞋子要穿高底的,这样能使脚显得更小。古代女子以小脚为美,所以脚大之人往往借高底鞋来掩饰自己的缺陷。李渔奉劝那些脚大之人,脚大的,鞋底宜做得厚些,鞋底薄了就会让一双大脚暴露无遗。另外,鞋子也要讲求舒适合脚,宜大不宜小,不能只求美观不顾实际,鞋小了会将脚箍疼而无法行走。

李渔对当时女子鞋头点缀珍珠的做法甚为认同。"近日女子鞋头,不缀凤而缀珠,可称善变。"①珍珠不但适宜用在凌波小袜上,而且米粒大小的珍珠价钱也不贵,点缀一粒在脚尖上,满脚都呈现出珠光宝气,甚是好看。

李渔谈及首饰,贴心地为富人穷人都预备了一套制妆方案:贵妇人家不妨多准备一些金、玉、犀角、珍珠之类的,品种丰富些,变化多样些;贫贱人家,没有能力置办金、玉的,宁肯用骨头、牛角的,也不要用铜的、锡的。这是因为骨头、牛角的首饰很耐看,若制作精美的跟犀角的、珍珠的没有什么区别,铜的、锡的不仅不雅观,而且还容易损伤头发。至于用来装饰鬓发的饰物,李渔认为没有比几朵时令鲜花更好的了。"较之珠翠宝玉,非止雅俗判然,且亦生死迥别。"②鲜花与珠宝翡翠相比,不只有雅俗之差,而且鲜花更显生气,而珠宝之类的就显得呆板死气了很多。李渔喜好为其妻妾装扮,他认为男人在世能遇见美貌的女子实属难得,若不能用几样饰物来打扮这些美人,简直是暴殄天物。由于李渔家境一般,于是他便耍起了聪明,想出了许多省钱的好办法。李渔推崇一种苏州人做的假花,其外形精巧之极,几乎与从树上摘下来的鲜花没有什么差别。这些花又极便宜,每朵花只要几文钱,可以插戴一个多月。鲜花的颜色白色最好,黄色次之,最忌讳的是大红色和水红色的。

从以上李渔对服饰的见地中,我们深刻地领会了其"衣以章

---

① (清)李渔:《闲情偶寄》,上海古籍出版社2000年版,第160~161页。

② (清)李渔:《闲情偶寄》,上海古籍出版社2000年版,第152页。

身"的深层含义。"衣以章身"李渔从深层次上把握了服饰的作用和本质。李渔举了一个浅显的例子,同样一件衣服,富有的人穿它能显露富有,贫穷的人穿它却只显露贫穷,高贵的人穿它更显露他的高贵,卑贱的人穿它更显露他的卑贱。富有的人哪怕穿着满是补丁的衣服,也有一种雍容富贵的气质自然地透露出来。通过对"衣以章身"的"章"字和"身"字的解释,我们看到李渔不是从浅层次,而是从深层次上把握服装的作用和本质的。所以我们说穿衣打扮的风格是人深刻内涵的表现和显现。

第四节 李渔的造物思想特征

前文将李渔对生活细节的领悟及对实际生存法则的张弛通过对一部《闲情偶寄》的研读一一展现在世人眼前。李渔不但拥有一颗善于欣赏、善于创造的心灵,而且其推崇自然天成,追求古雅风韵的文人情趣,为现代人构建了一个极富诗意的生存空间。李渔涉猎广泛,横跨园林设计、产品设计、居室设计、服装设计、珠宝设计、形象设计等多个领域,可谓名副其实的多面手。在亲近自然中,他简单而真诚地生活,通过挖掘生活蕴涵的真理,表达着自己独特的审美思考。作为这样一位多才多艺的生活艺术家,他的造物思想特征表现在以下几个方面。

一、雅致

雅致是中国古代文化的精粹,也是文人义士优雅精神的集中体现。李渔拥有与大多数文人一样的风雅气质,不但待人接物温文尔雅,举手投足间也颇具风度。外在的雅致,又要仰仗内在的气质,李渔便有着十分丰富的内涵和精神追求。这些魅力与风雅体现在《闲情偶寄》中,洋洋洒洒数万字谈及的都是些书斋联匾、桌椅炉瓶、文房四宝、琴棋书画、古玩信笺等文人雅士才有闲情把玩的器具,所以一个"雅"便成了李渔所钟的审美焦点,升腾出他实实在在的精神需求。

雅致是古代园林美学追求的至境。在李渔看来,非雅不能"独出新意"。李渔设计园林时反对华丽繁冗,崇尚新奇淡雅。为此他曾题柱对联曰:"繁冗驱人,旧业尽抛尘市里;湖山招我,一家移入画图中"。在服饰部分李渔就妇女的穿着打扮提出"洁"、"雅"、"宜"三原则,"妇人之衣,不贵精而贵洁,不贵丽而贵雅,不贵与家相称,而贵与貌相宜"①。在居室设计中,李渔提出:"土木之事,最忌奢靡,匪特庶民之家,当崇简朴,即王公大人,亦当以此为尚。盖居室之制,贵精不贵丽,贵新奇大雅,不贵纤巧烂漫。凡人止好富丽者,非好富丽,因其不能创异标新,舍富丽无所见长,只得以此塞责。"②再比如一直被文人视为风雅之事的茶道,李渔也颇为推崇,其陶冶心性、体悟人生、抒发情感的作用让李渔也活出了风雅细致。

在中国传统审美文化的发展中,"雅致"是处于较高文化层次的审美情趣,追求"雅"就是在追求深厚的文化意蕴。李渔在生活中的一些细枝末节,譬如一扇窗户、一只香炉甚至是一只马桶,虽形式简练明朗,但内容意蕴都体现出些许雅致。前文提到的窗栏、床帐都是其中的佳作,从中便能窥见李渔精神世界中那股崇尚自然,讲究品位,追求格调的雅致境界。

雅致的情趣也使李渔的造物颇具整体感,简洁自然的设计风格贯穿李渔造物的始终。所以,李渔的作品总给人以典雅古朴之感。李渔追求自然天成的质朴之风,反对繁雕缛饰,《闲情偶寄》中处处可见其以雅致为审美标准的言论。风雅的不仅是外观,也是一种内在的气质。正是这种气质的存在,使李渔在生活中探索出一条积极乐观、诗意妙觉的处事之道。另外,李渔造物还讲究情景交融,物我合一,其将情感有效地转移到对物的创造中,这种物我两忘的雅人情致及情景交融的娱情自得,即是李渔造物思想的"化境"所在。

---

① (清)李渔:《闲情偶寄》,上海古籍出版社2000年版,第154页。
② (清)李渔:《闲情偶寄》,上海古籍出版社2000年版,第181~182页。

二、新奇

李渔把好奇求新看做人的一种本能，他利用这种本能加之对自身主观能动性的发挥，创造出幸福生活的理想准则。李渔不满足于平淡乏味的生活，而追求生活环境的日新月异。在谈到居室的陈设时，李渔说："幽斋陈设，妙在日新月异"，除了房子不可随心所欲外，"居家所需之物，唯房舍不可移，此外皆当活变。"因为"世道迁移，人心非旧，当日有当日之情态"①。生活环境及各种事物作为生活美的最直接表现形式，时时刻刻影响着人的审美感官和情绪变化，故艺术和生活都应当不断变异求新。李渔对生活美的追求都自出心裁，从不盲目跟风。

李渔在造物过程中喜张扬个性，反抄袭模拟，所谓"性不喜雷同，好为矫异"，在他看来，独创是艺术家最为可贵的品格。任何有建树的艺术家，都是用自己的智慧和双手创造出前人未尽的事物，用李渔自己的话说，就是"一榱一桷，必令出自己裁"。

李渔在造物过程中，想别人未曾想，做别人未曾做，别出心裁，独居匠心，发明创造了许多诸如暖椅等家具制品。当自己的想法与他人雷同时，李渔便"予往往自制窗栏之格，口授工匠使为之，以为极新极异矣，而偶至一处，见其已设者，先得我心之同然，因自笑为辽东白豕"②。同时，他也指出"凡予所为者，不徒取异标新，要皆有所取义"③。

李渔对工艺美术的诸多种类的一个基本的鉴赏要求，便是经营位置上的"忌排偶"、"贵活变"。他反对将工艺品对偶陈列，分别提示出品字格、心字格、大字格等形式变化："或卑者使高，或远者使近，或二物别之既久而使一旦相亲，或数物混处多时而使忽然隔绝，是无情之物变为有情，若有悲欢离合于其间者，但须左之右

---

① （清）李渔：《闲情偶寄》，上海古籍出版社2000年版，第94页。
② （清）李渔：《闲情偶寄》，上海古籍出版社2000年版，第189页。
③ （清）李渔：《闲情偶寄》，上海古籍出版社2000年版，第212页。

之，无不宜之，则造物在手，而臻化境矣!"①

李渔注重创新，认为事事皆仿名园是抄袭陋风。而他"性又不喜雷同，好为矫异，常谓人之其居治宅，与读书作文同一致也"②的思想恰恰成为根治当时复制时代时风的一剂良药。"以构造园亭之胜事，上之不能自出手眼，如标新创异之文人；下之不能换尾移头，学套腐为新之庸笔，尚嚣嚣以鸣得意，何其自处之卑哉？"③他把自己的艺术创新精神移植到制造园亭之事业中，力求别开生面，别出心裁，形成自家风貌，达到"虽由人作，宛自天开"的意境和艺术效果，这正是文人造园的至高境界。

三、经济

李渔一生为生活所迫，四处漂泊，有时不得不奔走于权贵之门，饱尝生活辛酸的他颇能体会贫穷者的艰辛，因而在《闲情偶寄》中他总是多方为穷苦之人设想，务必使他们在力所能及的情况下，以最少的代价创造美的生活。"凡予所言，皆属价廉工省之事，即有所费，亦不及雕镂粉藻之百一"④，"务使人人可备，家家可用，始为布帛菽粟之才"⑤。

李渔强调器物的设计要"用之得宜"，摆正功能与装饰的主从关系。一个"简"字就能概括其造物原则。他竭力反对各种工艺的堆砌，批判奢靡之风，认为器物的个体形态、装饰要与其功能和谐一致，不可破坏了物品的整体之美与和谐之美，便如镜中着屑、玉血瑕，令人生厌。

"创立新制，最忌导人以奢"，"凡予所言，皆属价廉工省之事，即有所费，亦不及雕镂粉藻之百一。且古语云：'耕当问奴，织当访婢。'予贫士也，仅识寒酸之事。欲示富贵，而以绮丽胖人，

---

① （清）李渔：《闲情偶寄》，上海古籍出版社2000年版，第259页。
② （清）李渔：《闲情偶寄》，上海古籍出版社2000年版，第180页。
③ （清）李渔：《闲情偶寄》，上海古籍出版社2000年版，第181页。
④ （清）李渔：《闲情偶寄》，上海古籍出版社2000年版，第181页。
⑤ （清）李渔：《闲情偶寄》，上海古籍出版社2000年版，第228页。

则有从前之旧制在"①。李渔在追新求异的同时，又极精于节省之道，壁内藏灯法算计膏油如同主妇，少有文人雅士之清逸。

但李渔认为，即使在贫穷的处境下也不应该放弃对美的追求和创造。物质因素虽有一定的制约作用，但其并不是决定性的。例如前文所讲饰品中的簪子和耳环，"此二物者，则不可不求精善。力不能办金玉者，宁可用骨角，勿用铜锡"②。"梅窗"也是李渔化腐朽为神奇的代表之作，其利用枯枝作于窗棂之上，不需分文但比那些花掉大把银子的堆砌之作更胜一筹。

李渔还提出，工艺美术创造主体要本着"为费不多"、"仁俭得宜"、"价廉工省"的原则，既要充分顾及物质材料的合理利用，也要十分注意工艺流程、工时的繁简多寡等成本因素，做到物美而价廉。李渔的这一思想，概括起来包括以下几个方面：一是合理利用材料、巧用材料，即便低劣之质，"其价值反在参芬之上"。二是"一物而充数物之用"，使工艺品个体尽可能地具备多种功能。三是所制物品必须坚固耐用，所谓"坚而后论工拙"。四是力求以最小的经济代价创造出尽可能多的实用与美。

四、适用

李渔倡导"凡人制物，务使人人可备，家家可用，始为布帛菽粟之才，不则售冕旒而沽玉食，难乎其为购者矣"③，对那些耗资不菲的古董珍玩不以为然。同时，他也反对正统士人牵强附会器物的功用："置物但取其适用，何必幽渺其说，必至理穷义尽而后止哉！"④这些设计思想与传统士人造物思想已有明显差别。

鉴于人的文化素养与经济条件等方面的个体差异，其精神需要特别是物质需要的满足与否，总是与一定的社会经济发展水平、社会生活的物质丰富程度及其一定社会审美习惯的内在机制作用相联

---

① （清）李渔：《闲情偶寄》，上海古籍出版社 2000 年版，第 181 页。
② （清）李渔：《闲情偶寄》，上海古籍出版社 2000 年版，第 152 页。
③ （清）李渔：《闲情偶寄》，上海古籍出版社 2000 年版，第 228 页。
④ （清）李渔：《闲情偶寄》，上海古籍出版社 2000 年版，第 247 页。

系,故李渔从工艺美术的意匠及创造过程中的使用价值、经济价值与审美价值这三个方面,对工艺美术的创新设计提出了基本的要求。

首先,李渔认为,工艺美术品已经成为人类生存必需的物质产品:"人无贵贱,家无穷富,饮食器皿,皆所必需。"[①]其重要的价值是"适用与否",也就是工艺美术的第一要义。就大多数工艺美术品类来讲,适用性被视为其根本的属性。但在李渔提倡实用主义的构思中是反对机械盲目的实用思想的。他要求以一种灵活应变的态度去贯彻创制为"法"而不为"法"所囿的适用原则,使"天巧人工,俱有所用",达到"是我能用天,而天不能窘我"的自由境地。

李渔认为,工艺制作的目的是为人服务,它必须围绕着人展开。无论是书房文具,还是卧室床榻,李渔都要在制作方面"竭此大段心思",以期致用利人。李渔主张工艺制作一定要紧紧结合着物品特定的实用功能,无视其种类繁杂的功能差异显然是可取的。只有悉心研究和了解物品产生效用的特殊途径并针对其性能的要求,施以行之有效的加工制作技巧,工艺美术品才有它现实的应用基础,其社会效用才有可能得以实现。李渔还要求工艺制作技巧不仅要"尽美",还要"尽善"。所谓"制度之善"的匠作,即是让手工制作符合狭义的功利要求,让工艺制作中的功利性能与其外化形式更好地结合起来,使良质美材与手艺技巧巧妙地结合起来,实现"人巧天工,两擅其绝"[②]。

李渔雅致、新奇、经济、适用的情致要求,相互联系、相辅相成、不可分割。其中,适用是首要的,雅致是其精神境界的最高追求,新奇则是李渔不安于现实生活的表现,由于经济作用的制约,作为商品的工艺品的使用价值与审美价值无不表现为一定的经济价值。

总之,李渔在造物理论方面提出了许多后人值得借鉴的理论和思想,他用实际行动诠释了造物活动中"适用、经济、美观"的三大原则。

---

① (清)李渔:《闲情偶寄》,上海古籍出版社2000年版,第227页。
② (清)李渔:《闲情偶寄》,上海古籍出版社2000年版,第244页。

第四章　李渔造物思想的自然观

"人法地，地法天，天法道，道法自然。"①

李渔乃智者也。《闲情偶寄》中，李渔法地，法天，法道，更法自然。借自然之材与自然之道，予物以自然而然。

李渔"为而不争"，参透人间事物的美妙与短暂。"自然而然"意识着万物的存在、发展之规律。古人知之，李渔亦然。他自觉放弃暗流汹涌的仕途之路，转而尽情体悟、享受人生之旅。以自然之途，顺其自然之身。

李渔的"自然而然"与《淮南子》的"器以载道"具有共同性，二者在造物思想的最高程度上遵循"道"，器载之道的"道"就是自然而然所蕴含的内在规律，具有强烈的去人化特点。虽然这多多少少带着一些道家"无为"的色彩，但是他的设计思想所体现的却并不是道家的那般无为和遁世，而维持了一种超脱的人生姿态。"若是乎李渔之才，造物不惟不忌，而且惜其劳、美其报焉。人生百年，为乐苦不足也，李渔何以得此于天哉！"可以看出人世间的真、善、美使他不能忘记、不能割舍，同时他又是一位不流于世俗的叛逆者。尽情用自己对自然的体悟，缔造顺应天理、遵循自然的物理程式。

第一节　自　　然

"自然"指非人为的本然状态。如《道德经》："有物混成，先天地生……独立不改，周行而不殆，可以为天下母。吾不知其名，强

---

① 卫广来译注：《老子》，三晋出版社2008年版，第30页。

第四章　李渔造物思想的自然观

字之曰道。强为之名曰大。大曰逝，逝曰远，远曰反。故道大、天大、地大、人亦大。域中有大，而人居其一焉。人法地，地法天，天法道，道法自然。"①"道法自然"即指道是按照自己原来的样子存在运行。"人法地，地法天，天法道，道法自然"，表明人最终依循效仿的还是自然。自然是什么："有物混成，先天地生。寂兮寥兮，独立而不改，周行而不殆，可以为天地母。吾不知其名，强名曰道。"②由此可知，在中国先秦时期"自然"就是用"道"来阐释的。"自然"，在道家教义中是指"道"的存在、运动、变化的一种特性或状态。道教以"道"名教，将"道"作为教义思想的核心。由"道"出发，从不同角度派生出了"朴"、"一"、"柔弱"、"无为"、"不争"等观念，"自然"也是其中之一。"自然"所描述的就是"道"的不加任何强制、不依靠任何外在原因，自己存在、发生、演化、消灭的一种性质和状态。"天有时，地有气，材有美，工有巧，合此四者，然后可以为良。"《考工记》就从系统论的角度阐述了造物和自然的关系。时令、地理、材料、工艺性能条件都直接影响着造物行为和结果。"制度阴阳，大制有六度：天为绳，地为准，春为规，夏为衡，秋为矩，冬为权。"《淮南子》也阐明造物与自然的密不可分的关系。

李渔造物也涉及"道"的运行范围，即"自然界"，"道"的内在运行规律。他提及的自然界主要是自然界的实物与人化自然的本真，如："至入寒俭之家，睹彼以柴为扉，以瓮作牖，大有黄虞三代之风，而又怪其纯用自然，不加区画。"③"自然"就是自然界的实物状态，"虽云善动者动，不善动者亦动，而勉强自然之中，即有贵贱妍媸之别，此又一法也。"④即是人化自然的本真状态。李渔提到的"自然而然"主要是造物活动中，如何顺应人的自然感觉，

---

① 卫广来译注：《老子》，三晋出版社2008年版，第30页。
② 卫广来译注：《老子》，三晋出版社2008年版，第30页。
③ （清）李渔：《李渔全集》卷三，浙江古籍出版社1992年版，第227页。
④ （清）李渔：《李渔全集》卷三，浙江古籍出版社1992年版，第134页。

达到润物细无声的境界,这番内容在戏曲创作中表较多见。如:"此理谁不知之?但其会合之故,须要自然而然,水到渠成,非由车戽。"①又有"要知此等字头、字尾及余音,乃天造地设,自然而然,非后人扭捏成者也,但观切字之法,即知之矣"②等。

一、作为"自然界"的自然

自然界在生物学方面解释为地球生态的总称。《闲情偶寄》中的自然界具有人化倾向。在人类出现之前,自然界都是自在之物,它们的物质属性早已存在。自然界的领域逐渐扩大、人化和社会生活发展的进程紧密地联系在一起。李渔按照自然界的秩序构筑生活中美的程式——自然美,在人没有审视自然时,自然界无所谓美,自然不能自觉为美。大自然是指狭义的自然界,即指与人类社会相区别的物质世界,包括有机世界和无机世界。自然界是客观存在的实体,是人类赖以生存的基础。广义上讲,自然界是包括人为世界的,因为人生活在这个自然界的总范围里,用的是自然界的物质,而且是按照自然界的规律,去塑造人为世界,使人生存得更加舒适,整体上调适人与自然的关系,其实李渔的造物思想的核心就是按照自然界的规律,塑造合理有序的人为世界,使人能够更好地创造自然生态环境,满足人们的本性要求,有不违背大自然的客观生态规律。"以性所原有,不能强之使无耳"③,顺应人之本真;"至于石性,则不可不依",遵循材之本真。

李渔的造物思想实际上就是强调了人与自然界的关系,使人的行为状态与自然规律相适应,达到人与自然最佳的和谐状态。如:"食色,性也。""不知子都之姣者,无目者也。""古之大贤择言而

---

① (清)李渔:《李渔全集》卷三,浙江古籍出版社1992年版,第83页。
② (清)李渔:《李渔全集》卷三,浙江古籍出版社1992年版,第113页。
③ (清)李渔:《李渔全集》卷三,浙江古籍出版社1992年版,第130页。

第四章 李渔造物思想的自然观

发，其所以不拂人情，而数为是论者，以性所原有，不能强之使无耳。"①引用孟子的名言阐述人的本性"人爱吃美食，喜欢美色"，说明李渔造物选性即事物的内在规律，不能违反人性，人性是上天赐予的，不能够强迫其消失。

为了不违背自然之理，李渔又有以下调适结构。在"居室部"中"宜简不宜繁，宜自然不宜雕斫。"李渔的这两句话针对"制体宜坚"意思是宜简单，不宜繁琐；宜自然，不宜雕琢复杂，进而引申出"凡事物之理，简斯可继，繁则难久，顺其性者必坚，戕其体者易坏"。即万事万物都有一个规律，简单就可以长久存在，复杂就难以持久永存，顺应事物本性的必然坚固耐用，破坏事物本质的容易损坏。那么李渔对于窗栏又是怎么样去做的呢？在具体做工上李渔又有说明"故窗棂栏杆之制，务使头头有笋，眼眼着撒。然头眼过密，笋撒太多，又与雕镂无异，仍是戕其体也，故又宜简不宜繁"。所以说制作窗棂与栏杆，做到头头有榫，榫卯合适，不宜榫卯太多，适可而止，故窗栏为了坚固耐用必须做到"宜简不宜繁"自然境界。

二、作为"自然而然"的过程特征的自然

"自然而然"即指自由发展，必然这样。指非人力干预而自然如此。中国最早的佛教论著《牟子理惑篇》中言："夫吉凶之与善恶，犹善恶之乘形声，自然而然，不得相免也。"对于自然而然进行了阐释。自然而然在英文中相对应的单词即：Naturally、Automatically、Spontaneously。皆有有自然的意思，即指自己自发，不关外界使力，都是由自在之始。

关于"自然"中的"自然而然"行为范式。李渔在"器玩部"中有"至人寒俭之家，睹彼以柴为扉，以瓮作牖，大有黄虞三代之风，而又怪其纯用自然，不加区画。"李渔认为那纯粹是使用陶瓮的天然本性，不予任何加工，达到"文章本天成，天然去雕饰"的效果。

---

① （清）李渔：《李渔全集》卷三，浙江古籍出版社 1992 年版，第 130 页。

不仅如此李渔还看到了如何达到"自然之美",如器玩部中"如瓮可为牖也,取瓮之碎裂者联之,使大小相错,则同一瓮也,而有歌窑冰裂之纹矣"①。瓮可以用来制作窗子,首先要用瓮的碎片连接起来,使瓮的碎片相互交错连接,排列起来的如同宋代哥窑的冰裂纹,寓意为"冰冻三尺,非一日之寒",以此可以勉励贫寒人家努力奋斗改变命运。

李渔直接提到的"自然而然",主要是造物活动中,如何顺应人的自然感觉,达到润物细无声的境界,这番内容在戏曲创作中较为多见。如:"此理谁不知之?但其会合之故,须要自然而然,水到渠成,非由车戽"②,又"要知此等字头、字尾及余音,乃天造地设,自然而然,非后人扭捏成者也,但观切字之法,即知之矣"③等,都是强调戏曲当中作词等活动,在此不做多述。

李渔在"声容部"中有关于"素以为绚兮"的"素"跟先天父母遗传与后天的饮食有关,就讲出了人的肤色黑白不是自己决定的而是由自然遗传物质决定的,遗传物质有自己的传递规律,是由遗传基因决定的,即使后天有所改变,也只是很少部分,此处可见自然而然的力量作用。在声容部中李渔对于女人的"媚态"的"态"感叹为造物主的鬼斧神工,面对具有媚态的女子让人即见就想,一想就不能控制自己,这就是"自然而然"。由此可见,事物有其发展的自在规律,东施效颦只会适得其反,重要的是根据自然的事物自身形态发展,去塑造人为世界,达到自然而然的和谐状态。

第二节 造物与自然

李渔的造物观念中,"物"应来自于自然界,具有自然之本性,

---

① (清)李渔:《李渔全集》卷三,浙江古籍出版社1992年版,第130页。
② (清)李渔:《李渔全集》卷三,浙江古籍出版社1992年版,第83页。
③ (清)李渔:《李渔全集》卷三,浙江古籍出版社1992年版,第130页。

第四章 李渔造物思想的自然观

天性属于自然物质的性质。"造物"遵守自然规律，自然而然的去实现造物与人类社会的相互适应关系，达到所造之物，取之于自然、融之于自然、用之于自然的目的。

一、取自然之材

李渔的造物思想中，造物理当根据物体自然的材质来决定表现手法，在山石第五篇中李渔说"磊石成山，另是一种学问，别有一番智巧"。的确如此，李渔用绘画的例子来解释不同材质在造型中的不同方法，因为绘画与叠山磊石虽然同是造型艺术，都需要创造美的意境，但所用材料不同，手段与构思不同，二者之间差异相当明显。那些职业为叠山磊石的"山匠"，能够"随举一石，颠倒置之，无不苍石成文，纡回入画"①；而一些"画水题山，顷刻千岩万壑"的画家，若请他"磊斋头片石，其技立穷"。造园林叠山磊石的特殊艺术禀赋和艺术技巧，表现在李渔观察、发现、选择、提炼山石之美的特殊审美眼光和见识上。平常人视为普通的石头，李渔也能发现其中之美，并能经过他的艺术处理成为精美的园林作品。

李渔认为，园林中的大山之美，犹如唐宋八大家的散文，全以气魄胜人，一般地说，大山宜总览、远观，而不宜细察、近观。而小山则可在近处赏玩，细处品味。小山则要讲究"言山石之美者，俱在透、漏、瘦三字。"讲究玲珑剔透，讲究空灵、怪奇。三个标准的具体如下：(1)"此通于彼，彼通于此，若有道路可行，所谓透也"②就是石头要互相对通，犹如有道路通过一样，这样就称为"透"；(2)"石上有眼，四面玲珑，所谓漏也"③，石面上有眼，四

---

① (清)李渔：《李渔全集》卷三，浙江古籍出版社 1992 年版，第 220 页。
② (清)李渔：《李渔全集》卷三，浙江古籍出版社 1992 年版，第 221 页。
③ (清)李渔：《李渔全集》卷三，浙江古籍出版社 1992 年版，第 221 页。

面玲珑,则成为"漏";(3)"壁立当空,孤峙无倚,所谓瘦也。"①临空耸立,孤高清傲,就是所谓的"瘦"。在强调这三个标准时有一个共性,即"塞极而通,偶然一见,始与石性相符","与石性相符"就是利用材质的自然特征,但这种自然特征的选择也不是处处讲究"透"、"漏","偶然一见"就可以了,正是这"偶然一见"突出关于山石的选择,不仅是选择材料的本身天然性很重要,更重要的是在这种欣赏状态下要求有"偶然一见"的自然感觉,去除很多人为特征。这也是李渔造物精神中自然之美的本质所在。

更为精妙之处在于,李渔还注重石材纹路的选择及其不同纹路搭配关系的自然性。如:"然分别太甚,至其相悬接壤处,反觉异同,不若随取随得,变化从心之为便。至于石性,则不可不依;拂其性而用之,非止不耐观,且难持久。石性维何?"②此句中,为了体现自然美,李渔认为"紫碧青红,各以类聚是也"的区分过于严格,会造成联合交接的地方相差悬殊,让人感觉差别太大,不如随性而安、随手摆放,相机变化,既方便又美观。还有,他认为要遵循石头本身的性征去造山,并指出,如果不按石头本身的特征——"斜正纵横之理路是也"去做小山,就不耐看,很难坚固持久。

李渔游历广东时,见市场有售广式的硬木的箱笼箧笥,制作很是精美,然"怪其镶铜裹锡,清浊不伦"。认为过多的镶铜裹锡掩饰了箱体本身的材质美感,他在简洁美观的左右下,取自然之材质,顺应物性,制作了"不钉铜枢,尚未生瑕着屑"的七星箱。在园林制造中,李渔曾取自然枯梅树枝之材,稍加装饰,做了一个梅窗,酷似真梅,"俨然活树生花"。这都体现了李渔造园取自然之才的精妙。

二、适自然

中国古代园林最突出的审美特征便是"贵自然"。把大自然的

---

① (清)李渔:《李渔全集》卷三,浙江古籍出版社1992年版,第221页。

② (清)李渔:《李渔全集》卷三,浙江古籍出版社1992年版,第223页。

广阔美景浓缩到有限的园林空间,达到"卧以游之"的和谐美景,使园林成为大自然美景的缩影,使人徜徉在大自然的怀抱,沉醉于大自然的旖旎风光,感受大自然的勃勃生机,成为中国古代园林建筑最基本的要求。也就是说中国古代造园从某种意义上来说,必须是对大自然的模仿,即"模山仿水"。这一造园理念几乎是我国古代造园美学的神圣真谛。

在造园美学中,李渔对"贵自然"的强调还表现在对人工雕琢及堆砌的反对,还有"浓淡得宜"的和谐境界的创造。如在"居室部"中,李渔说"窗棂以明透为先,栏杆以玲珑为主"①,这便是对自然之美的强调。在建造园林过程中,如果处处师法自然,各事以雕镂为戒,则人工渐去,而天巧自呈矣。

那么怎样才算是自然天巧?在"治墙"中李渔说:"厅壁不宜太素,亦忌太华,名人尺幅,自不可少,但须浓淡得宜,错综有致。"②园林毕竟只是师法自然,而不能等同于自然山水,所以造园师必须尽量依据自然规律,太素、太淡,都不是自然之本色。只有"浓淡得宜,错综有致",才能符合自然的本来面貌,才能创造出自然和谐的原始美景。

"山石篇"中李渔说:"用以土代石之法,即成人工,又省物力,且有天然委曲之妙"将假山混于真山之中,使人难辨真假,岂不妙哉。这是李渔造园的最高境界,也是他一生造园的至高追求。"树根盘固,与石比坚,且树大叶繁,浑然一色,不辨其为谁石谁土。"③立于真山左右,却能浑然一体,可见李渔在园林美学上对和谐自然的追求和对大自然的崇拜已然到了一个醉然忘我的境界。

此外,李渔所谓的填词绝技,也追求一种自然的气息,也即指"贵自然",要求从本性中来,反对勉强与造作,倡导和谐美。李

---

① (清)李渔:《李渔全集》卷三,浙江古籍出版社 1992 年版,第 189 页。

② (清)李渔:《李渔全集》卷三,浙江古籍出版社 1992 年版,第 207 页。

③ (清)李渔:《李渔全集》卷三,浙江古籍出版社 1992 年版,第 222 页。

渔在"格局"中论述道:"此折之难,在无包括之痕,而有团圆之趣。"①"趣",指的是天然的机趣;"痕",则指人工雕琢的痕迹。李渔又说:"如一部之内,要紧角色共有五人,其先东西南北各自分开,到此必须会合。此理谁不知之?但其会合之故,须要自然而然,水到渠成,非由车戽。"②要做到自然而然、水到渠成的浑然天成的艺术境界,须避免的也是园林建筑中的人工雕琢。李渔因此认为这些"皆非此道中绝技,因有包括之痕也"。

第三节 造物与自然之道

"科诨虽不可少……妙在水到渠成,天机自露。"③妙肖自然,妙在"水到渠成,天机自露",尽量减少人为因素,达到"我本无心说笑话,谁知笑话逼人来"的造物艺术境界,"此即贵自然、不贵勉强之明证明。"李渔造物,重在遵循事物的内在规律,即自然的运行轨迹。他提倡"妙肖自然"、"天人合一"的造物思想,以期利用自然规律,达到天然合一的双重境界。

一、妙肖自然

师法自然,妙肖自然,是我国各种艺术门类,特别是绘画、园林等共同遵守的一条艺术规则,也是各种艺术在长期创作实践中所形成的一个历史传统。谢赫"六法"之一强调"应物象形",宗炳要求"以形写形,以色貌色",甚至于在中国古代的绘画中也提出以自然为师,张璪"外师造化,中得心源"的座右铭。所以,师法自然,妙肖自然,也是我国古代造物和造物的原则。李渔在"器玩部"暖椅的制作中说:"此椅之妙,全在安抽替于脚栅之下。"④李

---

① (清)李渔:《李渔全集》卷三,浙江古籍出版社1992年版,第83页。
② (清)李渔:《李渔全集》卷三,浙江古籍出版社1992年版,第83~84页。
③ (清)李渔:《李渔全集》卷三,浙江古籍出版社1992年版,第76页。
④ (清)李渔:《李渔全集》卷三,浙江古籍出版社1992年版,第232页。

渔用太师椅、睡翁椅和暖椅的比较来阐明暖椅妙肖自然的特点，与太师椅比较为"如太师椅而稍宽，彼止取容臀，而此则周身全纳故也。"①妙肖人的臀部的形状和特征。尺寸较太师椅稍大，保暖功能更全面，太师椅保暖部位只是臀部，而暖椅则是全身保暖。与睡翁椅比较，则"如睡翁椅而稍直，彼止利于睡，而此则坐卧咸宜，坐多而卧少也"②。暖椅坐卧皆可，坐稍多于卧，使得坐卧自然舒适。另外暖椅的前后都装上门板，两边用木板镶满。臀下和脚下自然用上栅栏。考虑到火的自然特性，用栅栏能让火气透进来，用木板挡住两边使暖气一点也透不出去。前后做门，使前面可以进人，后面可以添柴火。把抽屉安装在脚栅之下，可以把奇寒挡住，使人回身便可得到温暖而又不知道温暖的感觉来自何处。使这样的装置自然融入暖椅之中，在视觉上和功能上又很和谐。

另外，暖椅上还装有扶手匣，可以放上笔墨纸砚，不显得突兀碍眼。并且暖椅经济适用，从早上到晚上只需四小块炭火，"此四炭者，秤之不满四两，而一日之内，可享暖室无冬之福，此其利于身者也。若至利于身而无益于事，仍是宴安之具，此则不然。"③而且对身体很好，在享受时由于考虑到健康消费问题，使这种消费符合人们追求自然健康的生活理念，再配合"氤氲透骨"，使人精神涣然。此外，暖椅"是身也，事也，床也，案也，娇也，炉也，薰笼也，定省晨昏之孝子也，送暖偎之贤妇也，总以一物焉代之"④。诸多功能，浑然天成。这就是李渔运用社会上常见的物件中和设计出"暖椅"这一物件，表明李渔的"妙肖自然"，在于浑然天成，在于符合人们追求的理想的自然境界。

---

① （清）李渔：《李渔全集》卷三，浙江古籍出版社1992年版，第232页。
② （清）李渔：《李渔全集》卷三，浙江古籍出版社1992年版，第232页。
③ （清）李渔：《李渔全集》卷三，浙江古籍出版社1992年版，第232页。
④ （清）李渔：《李渔全集》卷三，浙江古籍出版社1992年版，第233页。

李渔造园，曾多次提到要对妙肖自然的特性加以发挥，他在"大山"中，提到"山之小者易工，大者难好"的问题，说："予遨游一生，遍览名园，从未见有盈亩累丈之山，能无补缀穿凿之痕，遥望与真山无异者。"①以此比较造园里的假山和真山，以求肖似，并把它作为塑造假山的成败。

前面提到的酷似真梅的梅窗使人得见于李渔在造物时的几尽巧思。他师法各种自然物的形态，如把"蕉叶联"的两联制成蕉叶的自然形状，"言有尽而意无穷"，别有一番情趣。

可见，李渔对于妙肖自然的理解有多种含义，一种是有形的师法和妙肖，一种是对自然无形的甚至看来是无形的无迹可循的妙肖和领悟。"丘壑填胸、烟云绕笔之韵士"，"画水题山，顷刻千岩万壑"，说不准是摹写的哪座山，也说不准仿的是哪条水，"随手写出，皆为山水传神"。园林艺术之妙肖自然不仅单单是追求形似，更重要的是追求以形写神，更高的境界则是追求无形的妙肖。李渔通过调动各种艺术手法（包括山石、花木、流水、建筑等），创造出虚而实、实而虚、虚实相生、时空交融、形神兼备的艺术境界，李渔的妙肖自然的绝妙之处便在于此。

二、天人合一

"天人合一"是中国传统哲学概括"天""人"关系的核心理念。李渔造物思想中的"天人合一"，就是"人"与"天"即自然环境的配合、符合、适合。"一"就是不可分割的整体，所以"合一"就是合二为一，即使相分的吻合、"就是非二""天"和"人"相互配合、吻合、适合、符合，最终完好地成为一个整体。因为，在这种"天"和"人"的关系中，"人"与"天人合一"是相互作用中的能动者和主动者，所以，简单来说，就是通过人的主动或能动的实践，使人与环境协调一致或互相统一。那么，李渔又怎样实现之，或者说，实现人与环境统一的基本原则是什么？

---

① （清）李渔：《李渔全集》卷三，浙江古籍出版社1992年版，第221页。

既然"天人合一"是世界的真实状态，因而是无条件的、绝对的，李渔在"居室部"中讲道："堂高数仞，榱题数尺，壮则壮矣，然宜于夏而不宜于冬。"①厅堂好几丈，出檐好几尺，壮观固然壮观，然而只适宜于夏天居住却不宜于冬天居住，阐明了人与环境之间的关系。在与环境的交往实践中，就应当把对环境的行为看做对"自身"的行为。也就是说，在"天人相分"的真实状态下，人应当具备"天人合一"的理念来指导自己的实践。人在这种"天人合一"理念指导下追求"天人一体"的过程，被称为"天人合一"。

要达到天人合一，最根本的任务就是消减天人相分的裂痕，从而达到人与环境的真正统一。这是"人"责无旁贷的义务，也是生命所必须遵从的逻辑。在"天人合一"命题中，"合"是人的一种主动行为，只有当能动者的行为符合环境的要求时，才是符合"天人合一"要求的行为，才能达到人与环境的和谐发展的状态。反之，当能动者的行为不符合环境的要求时，则是人与环境不协调的发展状态。

"天人合一"是人理性对待自然环境，整体把握世界发展态势时的必然结果。只有"天人合一"了，造出的园才能成为一个整体。而"一"本身的内在规定是不需要任何外在原因的，因而，"一"是一个真正的自由体。而天人相分状态下的人，仅仅是一个有限的存在，他不可能有真正的自由。所以，"天人合一"的过程其实正是实现自由的过程。"天人合一"是道德的最高理念。所谓道德行为就是追求"天人合一"的行为，就是把小我融入大我，从而实现人与环境协调统一的行为。这成为了道德行为的根本原则。正是这一原则要求我们，把自我意识看做异于自己的万事万物，看做自己不可分割的有机组成部分。而要善待自己，就必须善待环境，要对自己负责，就必须对环境负责。反过来说，善待环境也就是善待自己，对环境负责就是对自己负责。李渔对这一原则的领悟已经上升到了极高的境界，他的创作高度重视人和自然的亲近性，使人触景

---

① （清）李渔：《李渔全集》卷三，浙江古籍出版社1992年版，第180页。

生情，达到自然意境给人启迪和遐想的境界。特别是在园林创作中，他的布景、置物使人仿佛置身于自然山水之中，达到物我两忘的至高境界，这便是"天人合一"的宇宙观最淋漓尽致的发挥与展示。

第四节 李渔自然观对传统自然观的突破

李渔的自然观固然深受老庄哲学的影响，但是绝不仅仅停留在道家学说之中，而是对道家乃至整个传统伦理观有较大的突破。正如李渔自言："老子之学，避世无为之学也；笠翁之学，家居有事之学也。"①

一、有为

李渔造物崇尚自然之道，妙肖自然，天人归一，有老庄的逍遥思想，但是其精神是逍遥的，其人还是回归到本真，但肯定和张扬自然人性。因时制宜，用具体的艺术实践证明自己的"有为"；道法自然，变俗为雅；巧饰，美其自然，在传统自然观的基础上来宣示自己的造物观。

因地制宜在李渔的《闲情偶寄》中，主要适用于造园方面，但作为一个美学观念，其中包含的师法自然和追求个性的思想又不仅限于园林美学。可以说，师法自然和追求个性的思想在中国美学史上具有悠久的历史，绝非李渔一家言。李渔的贡献在于，他通过"因地制宜"这样的具体观点使这一传统命题在具体的艺术实践中获得了特定的意义和价值。儒学宗师孔子在《论语·阳货篇第十七》中提到："四时兴焉，百物生焉"，是一种敬畏天命的生态伦理观，李渔的造园理论有着继承中的突破性。"四时兴焉，百物生焉"揭示了天命，这也正是天地万物自然变化的规律。李渔造园活动中突出了"因地制宜"这个观点，正是天地万物自然的人为化塑

---

① （清）李渔：《李渔全集》卷三，浙江古籍出版社1992年版，第371页。

造。所谓因地制宜，首先是"因之"，即依据、顺其自然；其次是"制之"，即发挥造园者意匠的才情。通过"因"与"制"结合而达到的境界是"妙肖自然"顺应天命的自然规律，而又"自出手眼"、"出自己裁"，不完全为天命所左右，创造出符合人们需求的自然生态环境，人为自然，不是"无为"的自然而然，敬畏天命而有所创造发展。从体验真实自然环境到自出手眼，这是同一个美学思想的两个层次，即真实性的"模仿"提供了艺术的形态依据，即作为对象的"自然"；而自出手眼的创作使自然融入了机趣，为艺术形象灌注了生气与韵致。艺术创作中的对象与主体就这样通过体验和灵悟融为一体，达到"天人合一"的境界，这种"天"与"人"的关系在李渔的造园活动中并不是为追求自然而自然，而是通过"模仿"一种范式"天"的自成规律，营造"人"所追求的自然心理状态，即"乐山乐水"是人在娱乐，达到精神愉悦，而不是山乐水乐。

　　李渔在造物中崇尚和自然界融为一体，而不是凌驾于自然界之上，征服自然界；他甚至觉得"路有冻死骨"也是一种美，在这一点上，他与老子"道法自然"的生态伦理观有某种程度上的类似。但是，李渔并没有完全遵循老子的"道法自然"，而是结合并发挥"道法自然"，并且重在对"法"的过程上。李渔在造园活动中改造自然，提出融入自然。如"至入寒俭之家，睹彼以柴为扉，以瓮作牖，大有黄虞三代之风，又怪其纯用自然，不加区画。"其中，"寒俭之家"顺其自然用"以柴为扉""以瓮作牖"而并不以为简陋，在肯定其"道法自然"纯真境界"大有黄虞三代之风"的同时，又提出"怪其纯用自然，不加区画"，这显示出李渔有自己的自然观，又"如瓮可为牖也，取瓮之碎裂者联之，使大小相错，则同一瓮也，而有歌窑冰裂之纹矣"①。化人为之物为自然化的"冰裂之纹"。加入道经的观念，同时又变俗为雅——"谓变俗为雅，犹之点铁成金，惟

---

① (清)李渔：《李渔全集》卷三，浙江古籍出版社1992年版，第180页。

具山林经济者能此,乌可责之一切?"①达到寻自然法则而又超越自然之状态,妙肖之境。

李渔崇尚自然为美,对于建筑装饰基本上持有一种无饰天然的态度。如窗栏的装饰,李渔认为其"宜简不宜繁,宜自然不宜雕斫"。他反对不得体的繁缛雕饰,提倡"巧饰",认为"画栋雕梁,琼楼玉槛",不但铺张过度而且"病于过峻"、"亦近鄙俗",主张"略施斧斤"、"不稍伐研"的装饰方法,力求表现自然之美。窗栏制作"油漆时善于着色,栏杆之本体用朱,则所托之板,易用他色。墙系白粉,此板亦作粉色,壁系青砖,此板亦肖砖色。自外观之,只见朱色之纹,而与墙壁相同者,混然一色,无所辨矣"②。窗栏还讲究"同是一色,而以深浅别之,使人转足之间,景色判然"③的装饰意趣。李渔主张造园造物取材自然,用于自然。在建筑制作中,李渔提出要重视材料的运用技巧:"精材粗用,未免裹视牛刀耳"。只有上等美材,方可表现其真质:"若有鬼物伺乎其中"。劣质材料则应加以修饰,遍施人巧。只有学会辨类识材,找出各工艺品类运用材料的特征,才能视其不同质料施以不同制作工艺,从而成就不同工艺品类。

二、顺欲

古人造园为适大众之口味,总以众人的一般需要为尺度。儒家道家传统美学最讲究"至欲",讲究"众乐乐"。然李渔造物思想提出在前人"众乐乐"的基础上提出贵在"尖新"、"巧夺天工",不管是建筑还是造物、造园,其审美既有众人统一的标准和尺度,也要有艺术品所具有的独创性。徐渭说"出于己之所得,而不窃于人之

---

① (清)李渔:《李渔全集》卷三,浙江古籍出版社1992年版,第180页。
② (清)李渔:《李渔全集》卷三,浙江古籍出版社1992年版,第192页。
③ (清)李渔:《李渔全集》卷三,浙江古籍出版社1992年版,第193页。

第四章　李渔造物思想的自然观

所尝言", 金圣叹说"胸中必有别才, 眉下必有别眼"①。李渔在造物中提出"宜简不宜繁"、"贵精不贵丽", 提倡简朴, 反对奢侈, 但是并不反对人有正常合理的欲望。人们追求"奢侈华丽精美"的欲望, 而他却因势利导, 从价值观层面来引导人们, 从平淡、自然、简朴之中获得另外一种境界的精神享受。李渔告诉人们如何将平凡的生活艺术化, 如何改造事物, 以获得物的审美愉悦和改造物的乐趣。此乃李渔的精华所在, 也是其智慧所在。如黄果泉所言: "在日常生活及其环境中注入精神、文化的审美内涵。在物质享受的同时, 寻求精神的享受, 创造一种既符合实用需要, 又宜于遣兴雅赏, 允满逸趣幽韵的生活方式。"②李渔肯定自然之欲, 有法顺之, 并深得其中之道, 在平凡的生活中发现其不平凡的一面。

李渔引导人们顺应自然, 但不排斥外力。合理利用自然, 改造自然, 把握自然神韵。他亲自建造伊川别业、芥子园, 晚年在西湖边建造层园, 称治园和作曲为自己的两大绝技。在造园活动中, 李渔秉承"借景营造", 充分利用自然之景装饰造园之景。他主张庭院安置是一个总体的意匠, 要学会"因地制宜", 理法自然之趋向, 顺应地理之势态, 经营安排。或"高者造屋, 卑者建楼"③, 或"卑处叠石为山, 高处浚水为池"④, 即使院径迂途, 也需费一番心思。李渔造园的自然, 便是合理地利用有效的建筑空间及适当的营造布局, 取得了"雅俗具利而理致兼收"的审美效果。李渔"借景", 可以说是李渔园艺营造观念的绝思, "开窗莫妙于借景"。借景之妙在于审美主体超然于尘寰之上, 使"丹崖碧水, 茂林修竹, 鸣禽响

---

① 金圣叹:《第六才子书》卷五。
② 黄果泉:《雅俗之间——李渔的文化人格与文学思想研究》, 中国社会科学出版社 2007 年版, 第 56 页。
③ (清)李渔:《李渔全集》卷三, 浙江古籍出版社 1992 年版, 第 193 页。
④ (清)李渔:《李渔全集》卷三, 浙江古籍出版社 1992 年版, 第 193 页。

瀑，茅屋板桥，凡山居所有之物，无一不备"①，尽收眼底。

总之，李渔崇尚自然、取材自然、与自然合为一体，都可归于"天人合一"的理想境界，崇尚自然是对造园活动追求"天人合一"至高境界的肯定，取材于自然是"天人合一"的具体实践，与自然合为一体实际上是"天人合一"的最后结果，可见李渔整个造园活动都贯穿着"天人合一"的思想。其自然观有对传统伦理的借鉴，更多的是对它的突破，从无为转而有为，从禁欲转而顺欲，肯定人性，艺术化生活，取法自然却又超越自然。

---

① （清）李渔：《李渔全集》卷三，浙江古籍出版社1992年版，第194页。

第五章　李渔造物思想的功能观

"君子生非异也，善假于物也。"①

物乃君子假借的对象，因其具有一定的功能价值，能够满足君子所需。李渔造物也是从物的功能属性出发，体现物以为用、物以为乐、物以载道的功能观。

第一节　物　以　为　用

一、可用

李渔造物以可用为先和其特定的生活环境背景有密切的联系。首先，李渔负岌运行，"游绪绅间"，不为仕官，而是生计所迫。"鼎革之变结束了他'尊前有酒年方好，眉上无愁昼始长'的日子"②，开始了整日为衣食忧愁的生活。如此家境，李渔以可用为物的功能首要条件是无可厚非的。其次，李渔经历了朝代的更迭，感受到贫富差距的客观存在，更多的是感觉贫者在世事变迁过程中的辛酸和无奈，故而造物以利人，从实用的角度带给人们切实的好处和便利。

"凡人制物，务使人人可备，家家可用。"③"务舍高远而求卑

---

① 张法祥、柯美成编著：《荀子解说》，华夏出版社2009年版，第6页。

② 汪超宏：《谈李渔的人品及其商人气质》，载《华中理工大学学报（社科版）》，1994年。

③ （清）李渔：《闲情偶寄》，上海古籍出版社2000年版，第228页。

近"①。犹如造屋,"居宅无论精细,总以能避风雨为贵。常有画栋雕梁,琼楼玉栏,而止可娱晴,不堪坐雨者,非失之太敞,则病于过峻"②。又如造橱立柜,"无他智巧,总以多容善纳为贵。尝有制体极大而所容甚少,反不若渺小其形而宽大其腹,有事半功倍之势者"③。李渔认为,所造之物务必力求人人都需要,家家用得上,具备一定的实用功能,也即物的可用性是最为重要的。器物是人类生存必需的物质产品,"人无贵贱,家无贫富,饮食器皿,皆所必需"④。"讯其适用与否"是器物价值的体现。任何工艺产品,就一些特种工艺美术而言,可以有那些"即不适用,仅供把玩而已"之物,但是也有其特殊的规定和功用。就大多数器物来讲,可用是其根本的属性。李渔提出"计万全而筹尽适"、"是天生此物,以备此用",提倡实用主义的权宜构思,反对某种天马行空般的不切实际的创意,也力斥机械盲目的实用思想,要求务实,达到所谓的"是我能用天,而天不能窘我矣"的造物境界。李渔以物的实用功能为先的观点在造物思想史上屡见不鲜。"人之不能无屋,犹体之不能无衣"⑤,正如房屋的初始功能主要在于能"避风雨"抵御洪水猛兽的侵袭,所有物都是以其具备一定的价值能满足人的某种需求而诞生并且以这一价值而存在的。远古时代,生产力极其低下,原始人类择穴而住。《易系辞》曰:"上古穴居而野处。"大自然"雕凿"的无数奇异深幽的洞穴,为原始人类长期生存提供了最原始的家。一些没有岩洞的地方,又有"有圣人作,构木为巢,以避群害"之说(《韩非子·五蠹》),犹如鸟儿树上筑巢一般,这就是原始人的巢居。如河姆渡遗址发掘的七千多年前的干阑建筑。可以想象,在那个时期,一切的建筑物形式都是以可用为存在依据的,应该不会有"琼楼玉宇"与"蓬门茅舍"之分。后来,随着社会的发展,

---

① (清)李渔:《闲情偶寄》,上海古籍出版社2000年版,第22页。
② (清)李渔:《闲情偶寄》,上海古籍出版社2000年版,第184页。
③ (清)李渔:《闲情偶寄》,上海古籍出版社2000年版,第237页。
④ (清)李渔:《闲情偶寄》,上海古籍出版社2000年版,第227页。
⑤ (清)李渔:《闲情偶寄》,上海古籍出版社2000年版,第180页。

第五章　李渔造物思想的功能观

建筑的进步,逐渐有了"八尺高台",有了"高檐飞翘"。但这些都以"可用"为基础,实用功能永远是第一位的,李渔尤其强调这一点。尽管在明末清初,统治阶级骄奢淫逸,社会弥漫着"性喜奢华,不安贫窘"之风,李渔依旧提出造物要以实用价值为前提的主张,是有着历史进步意义的。

另外李渔也提出"制体宜坚","窗棂以明透为先,栏杆以玲珑为主。然此皆属第二义,其首重者,止在一字之坚,坚而后论工拙"①。他认为窗棂、栏杆的形式问题不是第一位的,重要的是"坚",即结实耐用,符合物的功能要求。从中可见李渔对于"可用"的"坚"是倍加推崇的。不仅是理论,李渔在造物实践中也是切身践行这一思想。他不仅在设计暖椅、笺简、灯烛时如此,即使在制作匾额时,也是"用薄板之坚者"②。在实用坚固的前提下,物的形式服从物的功能。

"一物而充数物之用",李渔在造物的同时,也赋予物以其他的功能,使个体尽可能具备多种功能。他的得意之作——暖椅、凉凳最能体现这一思想,在椅凳下面稍作修改,使其不仅具备坐的功用,也能做到冬暖夏凉。所利人者,不止御寒解暑而已,更是能提高工作效率,让人身心愉悦。这种功能附加,是在物本身功能实现的基础上附加其他的功能,一次来增加物本身的功能,带来更多的便捷。这是对于物的改进,也是较为经济之举。

二、易用

李渔造物思想的易用指的是物在满足能用的基本功能之上的便利、舒适性。

李渔认为器物制作的目的是为人服务,它围绕着主体而展开,除了满足人的基本的使用功能外,物的易用也是需要特别重视的。无论书房文具、卧室床榻还是房屋建造,李渔都要在制作方面"竭此大段心思",尽可能造物以易用。故而他在几案制造时附加隔

---

① (清)李渔:《闲情偶寄》,上海古籍出版社2000年版,第189页。
② (清)李渔:《闲情偶寄》,上海古籍出版社2000年版,第218页。

第一节 物以为用

板、抽屉、桌撒等，以期能够致用利人、坐卧便宜。若时令不适，则针对不同的季节来做出相应的器具，以遂人愿，满足人需。如椅凳夏天酷暑，则令"机面必空其中，有如方匣，四周及底，俱以油灰嵌之……先放凉水贮机内以瓦盖之，易使下面着水，其冷如冰，热复换水，水止数瓢，为力亦无多也"①。冬天冰寒，则令"前后置门，两旁实镶以板，臀下足下俱用栅……安抽替于脚栅之下"②。其功用有如"事也、床也、案也、轿也、坊也、熏笼也，定省晨昏之孝子也，送暖偎之贤妇也，总以一物焉代之"③。李渔"利于身"的造物思想与现代的"人体工学"颇有相似之处，都主张器物制作一定要密切结合器物特定的实用功能，忽视种类繁杂的功能差异性，随性而作，不考虑人的使用和舒适是不行的。他指出"凡制名壶，其嘴务直"，因为壶乃贮茶之物，不同于贮酒，因酒无渣滓，一斟即出，壶嘴之曲直可以不论。然茶为有体之物，星星茶叶，入水即成大片，在斟泻之时，如若纤毫入嘴，则塞而不流。因此只有悉心研究物品产生功效的途径，找出它各自为用的关键，然后针对其性能要求，施以相对应的加工制作技巧和方法，器物才能实现它的适用基础。

李渔利用"天窗"、"活檐"来采集阳光的设计意识就充分地体现了易用这一点。人居住第一考虑的要素可能就是阳光，现代人渴望居住在阳光充足、空气清新和绿地充裕的地方，古人也是如此。尽管房屋的功能是为人遮风挡雨、躲避阳光的长期照射，但当时房屋的采光确是必需的，这就形成了一对统一的矛盾体。居住在房子里的人渴望更多地享受阳光。李渔十分重视房子的向背，因为住宅向背直接关系到室内阳光充足与否。他在《闲情偶记·房舍·向背》中指出："屋以面南为正向"④，也即房子应该坐北朝南而建，因为这样正北屋的大门就能正对阳光，采光充足，人居住起来较为

---

① （清）李渔：《闲情偶寄》，上海古籍出版社2000年版，第231页。
② （清）李渔：《闲情偶寄》，上海古籍出版社2000年版，第232页。
③ （清）李渔：《闲情偶寄》，上海古籍出版社2000年版，第233页。
④ （清）李渔：《闲情偶寄》，上海古籍出版社2000年版，第182页。

第五章 李渔造物思想的功能观

舒适。但是在实际施工中,由于受到地理条件的限制,要做到每间房都能"坐北朝南"却并非易事。尤其是在群体建筑中,如北京特色建筑——四合院,就有部分房间不可避免地要"坐东朝西"或者"坐西朝东",甚至"坐南朝北",采光就很成问题。这样就需要通过开窗来处理:"面北者宜虚其后以受南薰,面东者虚右,面西者虚左。"①"虚"即开窗。"如东、西、北皆无余地,则开窗借天以补之。"②我国古建筑到清代时期,布置已经相当成熟,尤其是园囿建筑,在适合地形、空间处理以及造型变化等方面都达到了很高的水平。李渔提出的"天窗"采光法,就是对群体建筑设计采光问题的一种完善。在像四合院那些建筑群体中,除了可以利用天井来采光之外,最好的办法就是"开窗借天补之"。另外居室采光还涉及"出檐深浅"的问题。以研究中国文化著称的英国史学家李约瑟博士认为,中国位于北温带,中国传统建筑中出檐深且檐口上翘的大屋顶,对采集冬日阳光没有障碍,到了夏天还能减少日照。但大屋顶并非万能,若遇到"贫士之家,房舍宽而余地少,欲作深檐以障风雨,则苦于暗。欲置长牖以受光明,则虑在阴"③,就由活檐来解决。所谓活檐,就是"法于瓦檐之下,另设板棚一扇,置转轴于两头,可撑可下"。这是一扇灵活的檐,尽管有时候它可能不太美观,但是在天晴时将它收进,檐就短了,窗外也就更开阔了,室内的人们就能够多享受些阳光。当下雨的时候将它撑开,加长檐的长度,它就能更好地遮风挡雨。

从可用到易用,无论衣饰、用具抑或房舍园庭,都应以增益人的舒适、便利为原则,这是物的功能的一个升级,物的价值能得到更好的体现,人机交互性得到了提高,使物带给人的不只是基本的功能需求的满足,更是从用户的角度考虑的一种物的价值体现。李渔就能站在用户的角度去考虑物的使用性,如同其词曲一般,注重考虑观众的内心感受,照顾"隐在读者",从某种方面来讲,这正

---

① (清)李渔:《闲情偶寄》,上海古籍出版社2000年版,第182页。
② (清)李渔:《闲情偶寄》,上海古籍出版社2000年版,第182页。
③ (清)李渔:《闲情偶寄》,上海古籍出版社2000年版,第184页。

是其"以心为乐"思想的物质保障。

三、经济

李渔造物也注重经济因素。他从"赁而食、赁而居"的窘迫自身实践出发，提出造物艺术主体要本着"丰俭得宜"、"为费不多"、"价廉工省"的原则进行合乎目的性的创造活动。在造物活动过程中从物质材料的合理利用，到工艺流程的简繁、工时的多寡等涉及造物艺术成本的因素，都要严格控制，做到价格低廉。如李渔所言："凡予所言，皆属价廉工省之事，即有所费，亦不及雕镂粉藻之百一。"①

李渔的经济思想，具体包括以下几个方面的内容：

一是材料用之得宜。只要合理利用材料、巧用材料，即便材料质量较低，"其价值反在参等之上"。一如内绘有奇山异水的"便面"之制，并不需要很高的费用，只不过是两条曲木、两条直木而已，而它的实用价值和观赏价值则是不可估量的。

二是李渔造物"一物而充数物之用"。这样既提升了物的使用价值，又提升了物的经济价值。如造物装饰上使用的共用形、造型上使用的两面体以及工艺上使用的多用装置都包含着经济因素的节省。即将制作两件物品的材料、工艺等整合到一个物体上，一些能够"重合"的部分就是材料、工艺的节省处，是以一物幻为两物，却不用额外的花费很多。

三是李渔所倡导的"体制宜坚"。强调物的坚固耐用，延长了物的使用寿命，从某种程度上也是经济上的节省。从现代可持续的角度上来讲，物的坚固是维持可持续发展的有效途径，省去的人力、物力、财力更多用于投入生产和再生产，尤其是其在再生产的进程中带来了社会物品的充裕和繁荣，促进社会经济发展和社会进步。

四是李渔"最忌奢靡"。在当时社会生产力持续发展，人类社会进入一个崭新的阶段，社会基本矛盾显现，人的贫富差别日益扩大，尤其体现在房舍建造上，是宫廷式建筑与民间居室的显著分

---

① （清）李渔：《闲情偶寄》，上海古籍出版社2000年版，第182页。

野。大凡富贵之人,竞相肆意挥霍,大兴土木,致使李渔在其"高广"、"纤巧烂漫"、"奢靡"面前,发出"登贵人之堂,令人不寒而栗"的感慨。是故李渔提出将有限的物力、人力、财力投入提升生产力水平的方面,提升人们的生活质量,为社会的经济的发展做出贡献,以最少的经济代价去创造出尽可能多的物的使用功能和美的意趣。"予辑是编,事事皆崇俭朴,不敢侈谈珍玩"。他的大多装饰器具,花费不多,一方面是他生活拮据,另一方面,也更多的是出自他节俭的生活习惯和对造物和使用之物的经济因素的考虑。

第二节 物以为乐

物以为乐体现的是物给人们带来的精神上的愉悦感受,以造物者角度来看,即是能够抒胸臆,畅乐怀;从使用者角度来看,则是物的使用,能够给使用者带来精神上的快感,一种脱离了物质的精神享受。

一、物以体性

李渔张扬自我,性情自然,延续了晚明"公安派"、"竟陵派"以及徐渭、汤显祖等的思想,借物以抒怀。"若能实具一段闲情,一双慧眼,则过目之物,尽在图画,入耳之声,无非诗料。"李渔道出了他造物特有的精神品貌,一种不脱离为用的,依附在器物上的"性灵",一种期望借助设计,创造可居、可乐的环境,超脱生活,忘情自适的造物境界。

李渔以文人自居,对于生活的感悟和评判,对于生活的希冀,无疑会让他深深地烙上文化刻痕。李渔眼中,生活是美的,是散发着文化气息的,造物就必须体现出某种文化品位。故而李渔从造物者的角度提出满足物的实用的物质层面的基础上,要关注造物者主体的精神层面,能够通过造物表达其精神上的意趣。如李渔各种联额设置:"蕉叶联"——制联成蕉叶状,"此君联"——模仿竹子形状,"册页匾"——效仿书册的装帧样式,都附带着文人的雅致意兴。一如李渔在建造园亭时,力求做到"一榱一桷,必令出自己裁,使经其地、入其室者,如读湖上笠翁之

第二节 物以为乐

书，虽乏高才，颇饶别致"①。此处别出心裁，强调造物者通过造物发挥自身创造力，怡乐自身性灵。此处别致，指在满足物的实用性的前提下，追求符合造物者自身性灵的意绪和风雅，使所造之物能够契合自身独特的精神气质。是故，李渔反对那些固守成规和刻意模仿的设计。他对"常见通侯贵戚，掷盈千累万之资以治园圃，必先谕大匠曰：'亭则法某人之制，榭则遵谁氏之规，勿使稍异。'而操运斤之权者，至大厦告成，必矫语居功，谓其立户开窗，安廊置阁，事事皆仿名园，纤毫不谬"②这样的现象很是不耻，认为太肤浅了。他认为，像造园修亭这样美好的事情都不能够标新立异，按照自己的想法创意去设计，展示自己的才能，"何其自处之卑哉！"

如此，李渔造物力求"一花一石，宜见主人之神情"。造物的生命在于个性，明代建筑理论家计成在《园冶》中提出"三分匠七分主人"，主张改变造物中的忽视"能主之人"的现象。同时在"鸠匠"和"主人"两者关系和作用方面，李渔却有自己的高见，认为"造物鬼神之技，亦有工拙雅俗之分，以主人之去取为去取。"鸠匠须服从主人的意愿，按照主人雅好"去取"，当然这种雅好并非因旧抄袭。"主人雅而取工，则工且雅者至矣，主人俗而容拙，则拙而俗者来矣。"③故而虽"费资累万，而使山不成山，石不成石者"④。对此李渔强调，造物，"一花一石"，宜见主人神情，体现主人的精神，所谓物以抒胸臆，正是如此。

笠翁主张"幽斋陈设，妙在日异月新"，杨鸿勋在《中国古典园林艺术结构原理》中谈及古典园林的创作时说："中国古典园林的创作，也如京剧、写意画之运用艺术概括乃至必要的程式化……园林景象不是客观的自然界，而是主观化了的东西。"⑤造物要"竭尽心思，务为奇巧"、"自出手眼，化新为异"，以物的形、色、饰及

---

① （清）李渔：《闲情偶寄》，上海古籍出版社2000年版，第182页。
② （清）李渔：《闲情偶寄》，上海古籍出版社2000年版，第181页。
③ （清）李渔：《闲情偶寄》，上海古籍出版社2000年版，第220页。
④ （清）李渔：《闲情偶寄》，上海古籍出版社2000年版，第220页。
⑤ 杨鸿勋：《中国古典园林艺术结构原理》，载《文物》1982年，第49页。

第五章　李渔造物思想的功能观

总体来抒发自身的文化品位和个人意趣。"使人入其户、登其堂，见物物皆非苟设，事事具有深情，求其'美观入画'"，将个人情感融入造物，使物具备人的某种深情、精神。物或奇巧、或新颖、或朴素、或明快，有"虚实相半、长短得宜"的形式美感，以显造物者之神韵。物"时时变幻其形"，"变昨为今、化板成活，俾耳目之前，刻刻似有生机飞舞，是亦未尝不变，只废我一番筹度耳"。笠翁的"筹度"，"便是以'得意酣歌'为'第一乐事'自谓'韵人'的眼光"①，是物与人、客体与主体间情感的"交流"和融汇。

二、物以适意

"自适意"建立在物质条件得到满足的前提下，然后通过主体情绪来体味物欲的满足过程，从而产生的一种情感现象。尽管不同的人物欲要求标准不同，但是心理上的满足感却是同质的，即是一种"自适意"的状态。作为一个生活在时代更替、有着特殊遭际的文人，尽管李渔的生活中有太多的坎坷和磨难，甚至有时难以为继，但他始终保持着一种对生活的"自适意"，很多学者认为，这是当时江南文人的普遍心态，但是也正是他的这一心态塑造了他对于造物的特有的功能观。《闲情偶寄》里流露了太多的他的"自适意"。"吾贫贱一生，播迁流离，不一其处，虽债而食，赁而居，总未尝稍污其座。""即使赤贫之家，卓锥无地，欲艺时花而不能者，亦当乞诸名园，购之担上。即使日费几文钱，不过少饮一杯酒，既悦妇人之习，复娱男子之目，便宜不亦多乎？"②可以节衣缩食，不能省却对于生活的"适意"，不能失去对于美好生活的憧憬，也不能放弃对于美好生活的创造热情和美好事物的感受。

李渔的文化品位是以其自身的经验和学识为基础的自身感觉。站在历史的角度，人们很难对其这种生活品位作出某种对错的价值判断。尽管有人说他虚伪，说他酸腐，更有人说他"小资情调"，

---

① 冯焘、冯熹：《论李渔的工艺美学思想》，载《临沂师专学报（社会科学版）》，1983年。

② （清）李渔：《闲情偶寄》，上海古籍出版社2000年版，第153页。

第二节 物以为乐

但笔者以为，从李渔的成长背景和生活经历来看，他所追求的是"自适意"的生活趣味。尽管其追求有刻意做作的嫌疑，但是其确实是在很多的生活细节，尤其是作为器物使用者的身份得到了很好的体现。其在南京所居住的芥子园，从外表上看"状其微也"，只是"地只一丘"，但园中亭台楼榭、山阁荷池应有尽有，巧夺天工，不禁引人有"见所未见"之叹。李渔的生活也是如此，清丽雅趣。一些细枝末节：一扇窗户，一只瓦罐，即使是一只香炉，都极为讲究。如其窗格，也要有图画的效果，且有题记，俨然一幅山水画嵌于窗中。在谈及床时，他认为，床于人是极其重要的，"人生百年，所历之时，日居其半，夜居其半。日间所处之地，总无一定之在，而夜间所处，则止有在床。是床也者，乃我半生相共之物，较之结发糟糠，尤分先后者也，人之待物，其最厚者，当莫过此"①。李渔指出，"床令生花"，"床要着裙"。"床要着裙"是对床的使用效果而言的，"床令生花"就使床具有某种雅趣了。"床令生花"，人睡其中，"若是，则身非身也，蝶也，飞眠宿食尽在花间；人非人也，仙也，行起坐卧无非乐境。予尝于梦酣睡足、将觉未觉之时，忽嗅腊梅之香，咽喉齿颊尽带幽芬，似从脏腑中出，身轻欲举，谓此身必不复在人间世矣"。② 似仙非仙，似梦非梦，身于画中游，人似花中仙，是梦境，也是现实，最是笠翁的真实体会。如此生活雅趣，如此"自适意"的情怀，没有一定的审美情趣和文化品位是体味不到的，这也是物所不能带来的。即便是柳树一株，李渔摆弄几下，也即刻顿生浓郁的文化气息："种树之乐多端，而其不便于雅人者亦有一节；枝叶繁冗，不漏月光。隔婵娟而不便见者，此其无心之过，不足责也。然匪树木无心，人无心耳。使于种植之初，预防及此，留一线之余天，以待月轮出没，则昼夜均受其利矣。"③或许平常人眼中，柳树枝叶繁冗与否并无多大意义，但李渔却不以为然。他想到了赏月，预先设想了一幅"月上柳梢头，人

---

① （清）李渔：《闲情偶寄》，上海古籍出版社2000年版，第234页。
② （清）李渔：《闲情偶寄》，上海古籍出版社2000年版，第235页。
③ （清）李渔：《闲情偶寄》，上海古籍出版社2000年版，第336页。

约黄昏后"的良辰美景,故而让柳树"留一线之余天,以待月轮出没"。李渔的生活如画如诗,是其创造的,更为其所享有,生活于他,是一种终身矢志不渝的追求,一种"自适意"的情怀。

纵观《闲情偶寄》全书,我们不难发现,李渔将对生活细节的感悟与享受通过其心理上的"自适意"来把握和衡量。《闲情偶寄》一书所述均是人们日常的吃穿住用行,这些与他们关系最密切的事物。对于这些事物的讲述,李渔总是把关注的中心放在人的现实需要上,在精神上则追求突出人的形象,寻求人的美,重视人的理性、知识和能力。例如他觉得生活用品、衣装服饰都是为人设计的,所以它们应该有利于人的快乐与健康,而且应该由人来决定。他告诉我们生活的目的之一在于自身的快乐和怡然自得,而不是物质本身。"声容部·治服"中他说"但见金而不见人",是指衣服要和人的品貌气度相适合,往往珠翠宝玉之类首饰掩盖和减损了女性本身的娇媚,因此,他劝告妇女多戴些时花来代替珠翠,这样既雅观美丽又经济节约,不管贫贱或者富贵的人都可以自然合宜。他处处考虑到人的地位和形象问题还体现在对居室房舍的建筑设计原则上,他提出:"堂愈高而人愈觉其矮,地愈宽而体愈形其瘠,何如略小其堂,而宽大其身之为得乎?"因而"愿显者之居,勿太高广。夫房舍与人,欲其相称"。

李渔的功能观不仅指向人的生理层面的物质需求,更为重要的是他还指向人的内在的心理层面的精神需求,找到一种物质欲求和精神需求的契合点。这一契合点虽以物质为基础,以造物为手段,以使用为方式,但是物质所带来的抒胸臆和"自适意"却远远超过物质本身,进入了某种人机相交互的情感世界。

第三节 物 以 载 道

李渔在造物的过程中,通过对日常琐碎生活事物的观察,悟出了人生中其他意义上的一些哲理。尽管有的不免牵强附会,但其道理却很深刻,富有思想上的力度。如他预防墙壁倒塌之后伤人,想到"其实为人即是为己,人能以治墙壁之一念,治其身心,则无往

第三节 物以载道

而不利矣"①。他批判了古董收集不实用之处，尤其指出生活条件并不算好的不富裕的家庭更是如此，"故因其崇旧而黜新，亦不觉生今而反古。有八口晨炊不继，犹舍旦夕而问商周；一身活计茫然，宁遣妻孥而不卖古董者。人心矫异，讵非世道之忧乎"②。看到"木槿"，想到"睹萱草则能忘忧，睹木槿则能知戒"。看到"合欢树"，则有另一番感慨："此树栽于内室，则人开而树亦开，树合而人亦合。人既为之增愉，树亦因而加茂，所谓人地相宜者也。使居寂寞之境，不亦虚负此花哉？"③"棕榈"的生长形态，较之芭蕉，大有克己妨人之别。总之，可以说整部《闲情偶寄》从戏曲理论到饮食居住、竹石园林，都反映了笠翁感悟生活、造物以载道的哲理，李渔用闲情来报答"道"，充分体现其独具慧眼，洞察力以及感悟能力敏锐。

物以载道的观点在李渔造墙中体现尤其突出。在李渔的眼中，墙不仅是墙，更承载着更多的东西。墙在古代文献中有很多释义：许慎《说文解字》曰：墙，"垣蔽也"；《左传》曰，人之用墙以蔽恶也。《释宫》曰，墙谓之墉；又如《释名》曰，墙障也。从这些解释看，以墙蔽恶，充分体现了墙的实用功能。其所蔽之恶，小则风雨，大则敌人和猛兽。在早期社会，躲避猛兽和敌人的需求很迫切，故而墙谓之墉，谓之障。在现代字典上，"墙"的解释为"用砖石砌成承加房顶或隔开内外的建筑物"，这是从墙为建筑物的角度着眼的，因其在建筑中起着承重和隔离空间的作用。然而，在古代有一些建筑物形式和现代框架结构建筑中，墙没有起到承重的作用。在多数时候它只是形成空间。老子用"有无相生"的观点阐述空间，曾言："凿户牖以为室，当其无，有室之用。""户牖"凿在墙上，当其"无"，也必须是因为墙（有）的存在而存在。从而说明了墙是组成特定空间（有用之"无"）的必备物质条件，也说明了墙的基本用途是形成有用空间以供人们所需，如居室、园林、城市等，

---

① （清）李渔：《闲情偶寄》，上海古籍出版社2000年版，第204页。
② （清）李渔：《闲情偶寄》，上海古籍出版社2000年版，第241页。
③ （清）李渔：《闲情偶寄》，上海古籍出版社2000年版，第303页。

第五章 李渔造物思想的功能观

也是如此。

在李渔眼中，墙是如何的呢？李渔说："富人润屋，贫士结庐，皆自壁始。"尽管其观点没有特别的新意并且还存在着问题（因为古代干阑式和现代框架结构的建筑中，润屋结庐并不是始自墙壁，而是源自框架），但是李渔把"治墙"和"治身"相结合，颇具深度。"人能以治墙壁之一念，治其身心，则无往而不利矣"[①]，将构造建筑和强化身心结合起来的建筑人文观点绝对是古今中外建筑理论的鲜有见解。

李渔是如何将"治墙"与"治身"结合起来的呢？如其所言，"居室器物之有公者，惟墙壁一种"，正所谓"一家筑墙，二家好看"。墙是"内外悠分，人我相半"的物质实体，不仅有利于己，也有利于人；不仅是给自己看，也有一面给别人看。给别人看的外墙，就起着美化环境、愉悦他人的作用。墙形成了建筑的外观美，建筑立面、曲线以及整体形状，都是由外墙的块面决定或者组成的，李渔此处更加注重墙的装饰作用，其实在现代建筑的框架结构中，室外环境、公共空间更加受到人们的重视，外墙的装饰作用也变得越来越突出。但是也有很多人在看待墙的问题上，却存在着"只扫自家门前雪，不管他人瓦上霜"的倾向。在建筑装饰中，室内富丽堂皇，室外凄凄凉凉；里墙粉刷一新，装潢考究，外墙却不刷一笔，毛毛糙糙，犹如"赤膊鸡"，毫无美感可言。倘若人们都能以笠翁之所见为见，以笠翁之所行为所行，人们头脑中根深蒂固的不雅现象，人们心中公私利益并重的观念或许就能彻底根除。治墙者以治心之念来治墙，考虑到外墙粉刷与否，粉刷效果好坏，不仅仅是环境美观与否的问题，更是一个社会公德有否的问题。倘若治好外墙，墙更牢亦更美，利人亦利己，自然"无往而不利"了。

李渔"以治墙之念，治其身心"，从治墙到处事，从造物到寓理，将个人的才思经验施用于造物。物以载道，笠翁将物作为精神的寄托，在生活中找寻自足的情怀和创造的激情，找寻属于自己，也属于世俗大众的精神家园。

[①] （清）李渔：《闲情偶寄》，上海古籍出版社2000年版，第204页。

第六章 李渔造物思想的审美观

第一节 时势造就的审美观

"有物混成,先天地生"①,此物吾且谓之美。

人类对于美的追求是最高的精神活动,这一活动大概可以追溯到盘古开天辟地,女娲造人伊始,而且人类依旧孜孜不倦地追求着。

何以为美?

原始人"羊大为美";

子曰:"里仁为美。择不处仁,焉得智";

李渔说:"言山石之美者,俱在透、漏、瘦三字。"②

……

美是社会实践的产物,是客体在人们心中所引起的愉悦的情感,带有强烈的主观性。事物之判断、赏析和品鉴就是审美,客体作用于主体感官,激发主体的审美观照,引发主客体之间的某些共鸣,从而产生某些愉悦的情感。从审美的角度去观察世界、体验世界,产生的对美的理解和认识,就引发了个人的审美观,它作为人世界观的一部分,在人类的社会实践中形成,和审美主体所生活的社会政治文化经济等环境背景密切相关。时代的差异性,个人的差别性,造就了仁者见仁智者见智的审美观。

审美当随时代。

---

① 饶尚宽译注:《老子》,中华书局 2006 年版,第 125 页。
② (清)李渔:《闲情偶寄》,上海古籍出版社 2000 年版,第 223 页。

第六章 李渔造物思想的审美观

回顾明万历到清康熙年间的动荡时局，自明中叶起，社会发生了较大变化，统治阶级从明宪宗朱见深起骄奢淫逸，政权每况愈下。上不正，下必胜焉。权臣令官，结党营私，中饱私囊，民不聊生，矛盾纷起。以此经济基础为生的封建制度，维护此制度的宗法观念、伦理道德等亦随之逐渐土崩瓦解。

与此同时，社会经济日益繁荣，市民阶级不断壮大，以及纺织、造纸、印刷、冶铁等手工业的迅速成长，尤其是当时东南沿海地区纺织工业中明显出现了资本主义萌芽的种子，给明末的社会带来了些许新鲜的活力。此时商人开始以全新的姿态出现在历史的舞台上，他们不再是历史上无端被看不起的阶层，他们经济上的富足，社会地位的悄然转变促使他们追求享乐，注重物欲的满足。他们的这一思想极大地影响和诱惑了市民阶层。明万历年间史料《顺天承志》记载："风会之趋也，人情之返也，始未尝不朴茂，而后渐以漓，其变犹江河，其流殆益甚焉。大都薄骨肉而重交游，厌老成而尚轻锐，以晏游为佳致，以饮博为本业。"①追求娱乐、重视享受的社会风气随着社会高层的带动和经济的变化而日益平民化。社会的不安躁动了社会的各阶层：豪门贵族穷奢极欲，士大夫声色犬马，市井平民追求享乐，社会弥漫着一股奢侈之风，人们试图通过对欲望的不懈追求和不断满足来平复内心的惶恐和时代变迁的幻灭感。他们以"性喜奢华，不安贫寒"的方式活着。

这一时期，人们价值观念受到了极大的冲击，一向被奉为尊统的儒家思想在市民的头脑中再不是不可撼动。向来追求立德、立功、立言，以超脱尘俗相延续，以染入世俗为羞耻的儒家文化也在人民的头脑中淡化。同时宋明理学所宣扬的思想：存天理，灭人欲，顺乎礼法，没有追求幸福享受欢乐的权利更是荡然无存。

这一点我们可以从当时流行的市井小说中得到印证：明中叶以后流行的市井小说中宣扬传统宗教伦理道德、经典儒家道家思想相对减少，而鼓吹金钱至上和人的物欲合理性的观念却多了起来。戏

---

① 转引自《晚明士人心态及文学个案》，载《万历顺天府志》卷一（地理志·风俗），东方出版社1997年版，第13页。

曲《玉娇梨》中的人物苏慕白在表达自己的择偶观时毫不遮饰地说道："有才无色，算不得佳人，有色无财，而与我苏慕白无一段脉脉相关之情，也算不得我苏慕白的佳人。"①这表达的是对财、色、欲的渴望毫无遮遮掩掩之态，十分直白，完全没有昔日小说中表达欲望时候的羞涩或是难堪。色情和名利的追逐成了大众心照不宣的乐事，有如此迎合社会的媚俗作品出现也就不以为怪了。传统的孔家提倡的"益者三乐。乐节礼乐，乐道人之善，乐多贤友，益矣。乐骄乐，乐佚游，乐宴乐，损矣"②的观念完全被"日对此景，何以为乐？""日对此景，乃令人不敢不乐"③等劝诫人们及时行乐的思想所代替。

不知是大众俗文化大胆肯定人欲的思想影响到当时的思想家，还是思想家们著书以引导大众，对这一思想推波助澜致使其弥漫着整个明末清初的社会。当时的思想界，王阳明的"心学"、李贽的"童心说"，力抑道学，蔑视孔孟思想，推翻传统，形成了以其思想传播和影响的标志性的思想启蒙运动。在文学界以袁中郎为代表的"公安派"也掀起了反对复古派的文学改革运动。思想界和文学界以及连同他们植根之上的哲学界也透露出强烈的人文气息，大力提倡人的心灵自由和人的个性解放。

李渔出身于药商家庭，早年尚存入仕之心，几次落第之后不复作此念。"清军入关后的一段时期曾避居山中，蓬衣垢食，不以为苦。"④朝代更替，乱世遗民的头衔自然地加到了他的头上，这是其内心矛盾的源头。既有对故国故主的感念和无奈，又有对新朝新政的无所适从。犹如悬浮在尘世中的一颗浮土，不知道该飘向何方，也不知道能落到何处。他没有逃逸尘世，也没有走上反抗清廷的道路，尽管对现实心存不满，却也无力挽回。他吸收了道家思想，儒家身份又使他难以超脱归隐。"避市井者，非避市井，避其劳劳攘

---

① 荑秋散人：《玉娇梨》，人民文学出版社1986年版，第52页。
② 徐志刚译注：《论语通译》，人民文学出版社2003年版，第209页。
③ （清）李渔：《闲情偶寄》，上海古籍出版社2000年版，第339页。
④ （清）李渔：《闲情偶寄》，上海古籍出版社2000年版，前言第1页。

攘之情，锱铢必较之陋习也。"①生计迫使其不能成为疾恶如仇正气凛然的耿介之士，理想又让他不能成为浑浑噩噩随波逐流的市井俗人，他曾言："变亦不求尽变，市井之念不可无，垄断之心不可有。觅应得之利，谋有道之生，即是人间大隐。若是，则高人韵士，皆乐得与之游矣，复何劳扰锱铢之足避哉？"②不能兼济天下，只能独善其身。何不大隐隐于世，顽强地在现实生活和动植物王国中构建自己的理想家园？他选择了这样。自幼与市民阶层接触，扎根现实社会，结合自身的生活事件和群众基础，试图设计自己的生活的艺术。海德格尔说："此在总是就他的生存领会自己，生存问题总是只能通过生存活动本身来澄清。"③对于李渔，他艺术地生活着，他生活的艺术不在于物质的占有，而是物质占有之外的精神的面貌。

终生未仕的他，颇有"庙堂智虑，百无一能"之感，既无入仕当官报效朝廷的机会，只能在"泉石经纶""绰有余裕"之时，著一书，"稍舒蓄积"，不枉他年"赍志以没，俾造物虚生此人，亦古今一大恨事！"故而我们可以看到，《闲情偶寄》实属笠翁性情之作，乃作者对天降己的回报和贡献，舒张自己的心智和才能。感恩于上天造己，借闲情，计"立言"，精于形。

特定的社会政治经济社会背景和人生经历造就了李渔独特的审美观：造物唯美、崇尚技艺、精于形态、归本自然。

第二节　造物唯美

一、"以人为本"的造物审美观

美学家认为："任何事物，凡是呈现生命的形式，那就是美

---

① （清）李渔：《闲情偶寄》，上海古籍出版社2000年版，第308页。
② （清）李渔：《闲情偶寄》，上海古籍出版社2000年版，第308页。
③ 海德格尔：《人，诗意地安居》，郜元宝译，广西师范大学出版社2001年版，第3页。

的；任何事物，凡是体现生命的精神，那就是美的；任何事物，凡是显示生命的价值，那就是美的。"①在李渔看来，人作为万物之灵，是美的存在的载体，承认人的美的存在就该肯定人的欲望和赞同人的个性自由。"食色，性也。"②"古之大贤择言而发，其所以不拂人情，而数为是论者，以性所原有，不能强之使无耳。"③古代的大贤之人说话都是有选择的，他们之所以不违反人性并且多次谈到，是因为人性是天生存在的，不能够强迫使它不存在。

(一) 践行"人之为人"的类属性审美思想

整本《闲情偶寄》就是一个使"人之为人"的杰作。林语堂曾称："李笠翁的著作中，有一个重要部分，是专门研究生活乐趣，是中国人的生活艺术的袖珍指南，从住室到庭院、室内装饰、界壁分隔到妇女梳妆、美容、施粉黛、烹调的艺术和美食的系列，富人穷人寻求乐趣的方法，一年四季消愁解闷的途径、性生活的节制、疾病的预防……"④人生活着，有着爱美、贪食、好色、观娱、怡情、颐养、益寿等多方面的需求和欲望，如何满足这些欲望，找到实现这些需求的途径，让人们诗一般地生活着，体会自我的存在，展现自我的价值，这是李渔的审美思想可以给我们以指导的。

在李渔的眼中，生活就是美，日常生活就应该审美化，诗意化。世间万物，不论巨细，都是为人而设计的，都是人存在的附属物。如《闲情偶寄》许多章节叙述的那样："虽曰多能鄙事，贱者之常。"⑤然而"鄙事"、"贱者之常"却是人们生活中的吃穿住用行，是平平实实的生活。在谈论这些事情的时候，李渔总能把人们的现实需要、人们享受生活的权利置于关注的中心，把人物形象的突出，人物内在的、外在的美的寻求作为自己造物的精神追求。关注

---

① 叶朗：《中国美学史大纲》，上海人民出版社1985年版，第136页。
② (清)李渔：《闲情偶寄》，上海古籍出版社2000年版，第130页。
③ (清)李渔：《闲情偶寄》，上海古籍出版社2000年版，第130页。
④ 林语堂：《林语堂评说中国文化》，中共中央党校出版社2001年版，第256页。
⑤ (清)李渔：《闲情偶寄》，上海古籍出版社2000年版，第95页。

人的物质、精神的方方面面，并且以热情的实践活动创作他自己所理解的理想生活。

在他的逻辑里，生活就该是美的，需要精心设计。生活就该是能适应天气晴雨变化的，屋檐就应该做成"活檐"，这样"晴则反撑以抵晒，雨则正撑以挡雨。是我能用天，而天不能窘我矣"①；生活就该是洁净的，"欲营洁净之房，先设藏垢纳污之地"②，为了方便，则"当于书室之旁，穴墙为孔，嵌以小竹，使遗在内而流于外，秽气罔闻，有若未尝溺者。无论阴晴寒暑，可以不出户庭"③；生活就应该是舒适的，"裙制之精粗，惟视折纹之多寡。折多则行走自如，无缠身碍足之患"④；生活就应该是精神胜利者的快乐，"性嗜花竹，而购之无资，则必令妻孥忍饥数日，或耐寒一冬，省口体之奉，以娱耳目。人则笑之，而我怡然自得也"⑤。用品、衣着饰物、室内装饰等都是为人而设，是为人所用的，须利于人的美的展现、利于人的健康快乐的生活。这是一种人本主义的美学观，而不仅仅单纯的以人的某种物质或精神的需要为价值尺度。从人的物质到精神、从外在到内心、从现实到理想的一体化的生存价值为本，是现代美学思想的历史体现，是一种从人的类本质上孜孜不倦地去寻求某种美的存在方式。

(二)践行"我"的个性审美思想

"我"的感觉、"我"的需要、"我"的美感是李渔处处强调的。"我"是指审美本体的客观存在。"人有生成之面，面有相配之衣，衣有相配之色，皆一定而不可移者。"⑥因此他们的修容配衣就该因人而异，凸显自我的个性。在《闲情偶寄》中，李渔就给出了许多有创造性的建议，针对不同的个体，如何发挥自身的优势，扬长避

---

① (清)李渔：《闲情偶寄》，上海古籍出版社2000年版，第184页。
② (清)李渔：《闲情偶寄》，上海古籍出版社2000年版，第187页。
③ (清)李渔：《闲情偶寄》，上海古籍出版社2000年版，第187页。
④ (清)李渔：《闲情偶寄》，上海古籍出版社2000年版，第158页。
⑤ (清)李渔：《闲情偶寄》，上海古籍出版社2000年版，第180页。
⑥ (清)李渔：《闲情偶寄》，上海古籍出版社2000年版，第154页。

短,展示自己最靓丽的一面。尤其指出"相体裁衣之法,变化多端,不应胶柱而论,然不得已而强言其略,则在务从其近而已。面颜近白者,衣色可深可浅;其近黑者,则不宜浅而独宜深,浅则愈彰其黑矣。肌肤近腻者,衣服可精可粗;其近糙者,则不宜精而独宜粗,精则愈形其糙矣。然而贫贱之家,求为精与深而不能,富贵之家欲为粗与浅而不可,则奈何?曰:不难。布苎有精粗深浅之别,绮罗文采亦有精粗深浅之别,非谓布苎必粗而罗绮必精,锦绣必深而缟素必浅也。紬与缎之体质不光、花纹突起者,即是精中之粗,深中之浅;布与苎之纱线紧密、漂染精工者,即是粗中之精,浅中之深。"①给人们以诚恳的建议,"务使得是编者,人人有裨,则怜香惜玉之念,有同雨露之均施矣"②。

将自己对美的理解和感悟从生活中的点点滴滴提炼出来,由此推及他人,希望达成共识,构成生活中美的标准和规则。尽一己之力,影响他人。在笠翁看来,不管是"我"——自我,还是他所要影响的他"我",都有活生生的"生活着"的权利和追求美、展示自我的愿望。

借造物来帮他人实现自我价值,展现生命的本质,点燃美的火种,李渔的自我价值随之体现,一如他所想的"劳一人以逸天下,予非无功与世者也"③。封建社会个体存在的价值得到如此的礼遇,让笠翁之辈能有"逸天下"的抱负,岂非适时之幸事哉!

(三)激发审美主体主观能动性的审美思想

用一双"慧眼"去发现生活中的美,是李渔通过造物来激发的审美主体的主观能动性。"'会心处正不在远。'若能实具一段闲情、一双慧眼,则过目之物,尽是图画;入耳之声,无非诗料。"④如果能够真正具有一种闲情及一双发现美的眼睛,那么生活之中所见之

---

① (清)李渔:《闲情偶寄》,上海古籍出版社 2000 年版,第 155 页。
② (清)李渔:《闲情偶寄》,上海古籍出版社 2000 年版,第 156 页。
③ (清)李渔:《闲情偶寄》,上海古籍出版社 2000 年版,第 230 页。
④ (清)李渔:《闲情偶寄》,上海古籍出版社 2000 年版,第 201 页。

物,所闻之声都是美的。就像我坐在窗内,人们在窗外行走,年轻的女子就是一幅美人图,白发苍苍的老妪或老翁拄着拐杖也是诗文画作不可或缺的素材,倘若是一群孩童嬉戏也是一幅极其美妙的百子图,即便看到的是牛羊并牧、鸡犬相闻的场景,也是文人墨客笔下的场景。正如"不特以舟外无穷无景色摄入舟中,兼可以舟中所有之人物,并一切几席杯盘射出窗外,以备来往游人之玩赏。何也?以内视外,固是一幅理面山水;而以外视内,亦是一幅扇头人物。譬如拉妓邀僧,呼朋聚友,与之弹棋观画,分韵拈毫,或饮或歌,任眠任起,自外观之,无一不同绘事"①。通过开窗,造物借景,"将平波展镜的西子湖水和汹涌澎湃的钱塘江潮融入园林",里外都是如此美景,何不造物娱己的同时娱人,让人们也能感受到这景、这情、这观赏的愉悦。用他们的双眼去构造他们心中的美。由此,李渔的窗栏的各个式样和创意就诞生了。有了物,借物展现了美,人们才能去欣赏。观物以乐己,造物以启人。

(四)激发审美主体审美情感的审美思想

按照接受美学的理论,作品的接受不是在作品创作完成之后,而是在作品供读者或者观赏者观娱的过程中才开始的,读者或者观赏者的作用也不只是表现在阅读或者欣赏的过程之中,而是贯穿着文艺作品创作和被欣赏的整个过程。德国文艺理论家姚斯认为,作者、作品与观赏者之间的"对话关系"是文学艺术的本质特征。早在艺术家、作家们进行创作构思的时候起,接受活动就已经开始了。他们必须为创作预先设计"接受的理想模式"。接受美学代表人物伊瑟尔在姚斯的基础上进一步发展了这一理论,并在《读者作为小说结构的重要成分》中写道:"在文学作品的写作过程中,作者头脑里始终有一个'隐在的读者',写作过程便是向这个隐在的读者叙述故事并与其对话的过程。因此,读者的作用已经蕴含在文

---

① (清)李渔:《闲情偶寄》,上海古籍出版社2000年版,第201页。

本的结构之中。"①《闲情偶寄》中的很多造物都融入了"潜在读者"的影子,包括《闲情偶寄》本身,即出于日常生活,而为热爱生活乐于享受生活之人所作。尤其是《闲情偶寄·词曲部》,它本质上是关于戏曲创作的理论,在其中就能看到"隐在读者"的存在,表现在李渔很重视戏曲创作后场上的演出效果的把握,即对观众、听众接受能力和接受效果的把握。

《忌填塞》篇中,"文章做于读书人看,故不怪其深;戏文做于读书人与不读书人同看,又与不读书之妇人同看,故贵浅不贵深"②。他指出的"读书人与不读书人"、"妇人与小儿"就是"隐在读者",在创作过程中就考虑到这些人的接受效果。

类似的考虑在很多地方都有体现:《闲情偶寄·居室部·窗栏第二》"取景在借"开篇,笠翁洋洋自得:"借景之法,予能得其三昧。向犹私之,乃今嗜痂者众,将来必多依样葫芦,不若公之海内,使物物尽效其灵,人人均有其乐。但期于得意酣歌之顷,高叫笠翁数声,使梦魂得以相傍,是人乐而我亦与焉,为愿足矣。"③尚未立窗,且望人人均有其乐,期依样画葫芦者得意酣歌。其后,在便面窗制作之始,笠翁就能想到此窗:"不特以舟外无穷无景色摄入舟中,兼可以舟中所有之人物,并一切几席杯盘射出窗外,以备来往游人之玩赏。何也?以内视外,固是一幅理面山水;而以外视内,亦是一幅扇头人物。"④便面窗所分割的空间里,对己,以内视外,俨然一幅美景图;对受众,依旧能让窗外人欣赏到窗内的欢娱场景,造物以娱人;关于陈设之法,笠翁提出"眼界关乎心境,人欲活泼其心,先宜活泼其眼。"⑤考虑到人们的见识和心境相关,要想使审美主体的心情鲜活起来,首先应当使其眼前的事物活动起来……从作品审美主体的角度去考虑作品的创作,对于作品的价值得以实现具

---

① 章国锋:《文学批评的新范式——接受美学》,海南出版社1993年版,第35页。
② (清)李渔:《闲情偶寄》,上海古籍出版社2000年版,第39页。
③ (清)李渔:《闲情偶寄》,上海古籍出版社2000年版,第193页。
④ (清)李渔:《闲情偶寄》,上海古籍出版社2000年版,第194页。
⑤ (清)李渔:《闲情偶寄》,上海古籍出版社2000年版,第259页。

第六章 李渔造物思想的审美观

有很现实的意义,因为审美主体的"期待视野"①是有限的。

审美主体的"期待视野"往往取决于以下三个方面:(1)审美主体从过去曾经阅读或是观看过的、所熟悉的作品中获得的艺术经验,即对各种文学样式、风格、技巧等方面的认识;(2)审美主体所处的社会历史环境背景以及由此影响的人生观、价值观、审美观以及思想、道德、行为规范等;(3)审美主体自身的社会政治经济地位、受教育程度、人生阅历、艺术欣赏水平和自身修养等。姚斯认为,文学的"期待视野"具有"客观性",任何一部新作品的体验、判断到接受都要经历一个很复杂的过程,必须有对于某些文学规范等方面的预先认知,对类似风格作品的艺术形式以及风格技巧等方面有相关的知识和审美经验的积累,并以此作为基础做出自己对新作品的某些判断,当然认知和积累要先于对新作品主观上的理解和心理反应。

诚如笠翁所言:"伯牙不遇子期,相如不得文君,尽日挥弦,总成虚鼓。"②阳春白雪的高雅,下里巴人的媚俗,都取决于审美主体的期待视野。纵使曲高和寡,依旧有审美主体的和,然抛开了受众的审美期待则如对牛弹琴,哪怕再有名,也有人"不知子都之娇";哪怕众人知晓"珠"的珍贵,也有人"买椟还珠"。审美主体有别,期待视野迥异。"昔僧玄览往荆州陟岯寺,张口画古松于斋壁,符载赞之,卫象诗之,亦一时三绝,览悉加垩焉。人问其故,览曰:'无事疥吾壁也。'"③众人称道叫绝的书房壁画毁于高僧之手。悲夫,孰能解其中味? 奈何高僧不能接受这一形式,何谈去欣赏其中的艺术价值,只以"疥"视之,实属"期待视野"作祟。

故而,只有准确把握审美主体的期待视野才能造物以启美,才能有效地传达造物者对美的见解、对艺术化生活的营造和构建,并且能够被审美主体主观接受,以求达到有效的交互和共鸣。李渔就

---

① "期待视野"是由德国文艺理论家姚斯提出来的,主要指受众从自己现有的条件出发对文学作品所能达到的理解范围。
② (清)李渔:《闲情偶寄》,上海古籍出版社2000年版,第172页。
③ (清)李渔:《闲情偶寄》,上海古籍出版社2000年版,第209页。

很注重审美主体的"期待视野"的把握：在窗栏的制作中，他考虑到尺幅窗图式制作中"写来非似真画，即似真山，非画上之山与山中之画也。前式虽工，虑观者终难了悟，兹再绘一纸，以作副墨"①因审美主体的欣赏水平而设置图式；又如词曲部《词别繁减》篇中，我们找到这样的叙述："《琵琶》、《西厢》、《荆》、《刘》、《拜》、《嵌杀》等曲，家传户诵已久，童叟男妇皆能备悉情由，即使一句宾白不道，止唱戏文，观者亦能默会，是其宾白繁减可不问也。至于新演一剧，其间情事，观者茫然；词曲一道，止能传声，不能传情。欲观者悉其颠末，洞其幽微，单靠宾白一着。"②可以看到，同样是作品的演出，由于审美主体对戏文的"期待视野"不同，在演出时就需要采取不同的形式，根据需要增减剧场的表演内容等。

审美主体的"期待视野"是需要关注的，然而完全达到了听众、观众的审美期待的作品可能在短时间内能满足他们的需求，但随着时间的推移，"审美疲劳"就产生了，怎么解决这一问题呢？李渔说，观众喜欢"闻所未闻"之事，但是又局限于他们的"期待视野"，如此就产生了追求创新与保留传统的矛盾，如何解决这一矛盾，审美主体的"审美距离"就需要把握了。

审美主体对于"审美距离"的远近是衡量一个作品的艺术价值的标准。一件艺术作品假如能够超出审美主体的正常审美期待，能够突破了大众普遍的审美经验，给审美主体提供了一种新的认知方式、思维模式和审美体验，这样的作品往往具有较高的审美价值；反之，如果说一部作品仅仅只能够满足普遍大众的审美需求，只能够适应一般观赏者的期待与审美情趣，证实人民大众现实的情感和愿望，作品与接受之间不存在审美距离，那么这部艺术作品的审美价值就不高，此类作品就只能列入"通俗"、"大众"之流，或者归入平庸、拙劣之类。倘若一件艺术作品可能会在一定的时期内不被大多数审美主体所接受或只为少数人所理解，但随着时间的推移，当审美主体的"审美距离"达到一定的程度或者某种高度时，这一艺术作品的

---

① （清）李渔：《闲情偶寄》，上海古籍出版社 2000 年版，第 203 页。
② （清）李渔：《闲情偶寄》，上海古籍出版社 2000 年版，第 66 页。

价值和意义就会被广大的接受者所认识到，得到普遍的认可。

作为一介文人的李渔知道，好的作品要想传诵民间，传诸后世，必须使其能够"家传户诵"，"三尺童子了了于心，便便于口"。然而，心高气傲的他，又不能使自己的作品流于"通俗文学"、"大众文学"之列。不能过于拉近作品与读者的"审美距离"，既要显浅但又不能太拉近与观者、听者的"审美距离"，于是李渔就指出要"戒荒唐"、"贵显钱"、"戒浮泛"、"忌俗恶"，"于浅处见才"，极力提高作品的含金量。《闲情偶寄·居室部·房舍第一》中笠翁明确表明了他的立场："以构造园亭之胜事，上之不能自出手眼，如标新创异之文人。"①以此展现自己标新立异、独特风格的态度，拉大与"隐在读者"的"审美距离"，在居室的"向背"、"途径"、"高下"、"出檐深浅"、"置顶格"、"甃地"乃至"洒扫"都能提出自己的见解和营造方式，既让世人能喜之，又突出与人的不同之处。

"性所原有，不能强之使无耳。"②笠翁从人的类属性和个属性践行"人之为人"和"我"的本质需求和愿望出发，指出造物者有创造美的需要，有审美的需要，同时也有欣赏美的愿望。造物者本身也是审美主体，在主体客体化的造物活动中，激发审美主体主观能动性，发现"会心处正不在远"。客体的美在造物者主体客体化的过程中深深地蕴含于客体，从认识到认知，从发现到接受，审美主体在客体主体化的过程中，遵循着接受美学的客观规律。笠翁造物活动把握了这一规律，从创作关注"隐在读者"，到考虑审美主体的"期待视野"，再到把握审美主体和审美客体的"审美距离"都运筹于帷幄之中，将自己的审美思想传达到千里之外。

二、和谐为美的造物审美观

(一) 整体意识

和谐是一个系统概念，要从整体谈起。中国古代造物制度严

---

① （清）李渔：《闲情偶寄》，上海古籍出版社2000年版，第181页。
② （清）李渔：《闲情偶寄》，上海古籍出版社2000年版，第130页。

第二节 造物唯美

明，但凡居室、家具、用具、服饰等都有明确的形制规定，是以"阜财用而齐以制度，厚利用而约以准绳"①也。礼法对于造物有相当的约束力。然笠翁生活的明末清初却借着商业繁荣的东风，人们的求新求异心理日益见长。故而给设计提供了一定的发展空间，"设计师"的地位也随之凸显出来，李渔就是其中之一，也是其中较为成功的一个，单从他注重设计构思就能窥见一斑。"造物之赋形，当其精血初凝，胞胎未就，先为制定全角，使点血而具五官百骸之势。倘先无成局，而由顶及踵，逐段滋生，则人之一身，当有无数断续之痕，而血气为之中阻矣。工师之建宅亦然：基址初平，间架未立，先筹何处建厅，何方开户，栋需何木，梁用何材，必俟成局了然，始可挥斤运斧。"②造物之前就设计整体的布局、安排，酝酿整体雏形，只有在对整体规模、结构、功能、材料、大小、相对位置关系等都确定了之后才着手施工，否则，建好一部再计划下一部则往往一叶遮目，实施过程不能顺利进行，劳民伤财。大到建屋造园，小到装饰小品的摆放，和谐的整体都是笠翁在造物所统筹考虑的。

笠翁"遨游一生，遍览名园，从未见有盈亩累丈之山，能无补缀穿凿之痕，遥望与真山无异者。"③为何？实乃整体意识作怪。"名流墨迹，悬在中堂，隔寻丈而观之，不知何者为山，何者为水，何处是亭台树木，即字之笔画杳不能辨，而只觉全幅规模，便足令人称许。"④其能气魄胜人，实属整体把握得当，注重全局章法，实属胸有成竹而后为之功。同样，李渔在戏曲上有"立主脑"、"结构第一"等著名主张，与他的整体设计思想可相互印证。事实上，李渔确实把造物形容成写文章："立主脑"即在动笔之前先确定"立言之本意"⑤；造物和建宅之前的和谐规划，也就是通过分

---

① （明）张瀚：《元明史料笔记丛刊·松窗梦语》，上海古籍出版社1985年版，第76页。
② （清）李渔：《闲情偶寄》，上海古籍出版社2000年版，第19页。
③ （清）李渔：《闲情偶寄》，上海古籍出版社2000年版，第223页。
④ （清）李渔：《闲情偶寄》，上海古籍出版社2000年版，第223页。
⑤ （清）李渔：《闲情偶寄》，上海古籍出版社2000年版，第23页。

析各种因素，理出头绪，明确造物之本意的过程。

他的和谐意识尤其表现在建筑上。可以说建筑是一件大的产品，是个大的包装，将我们的衣食住行都囊括其中，承载着物质和精神的双重属性，这一点可以从"家"在中国人心目中的重要地位体现出来。故而建筑作为人们复杂要求的承载物，既包括实用功能也包括心理层面，其营造必须是众多要素相互作用、相互和谐的结果。故而要求建造者统筹规划，整体布局，采用艺术的手段，将各个要素按照美的法则有效地组织，从而达到整体和谐的效果，创造出独特的审美空间。例如在整体构思过程中，李渔尤其注重整个建筑的色调统一问题。他在"欹斜格系栏"中指出："幻有为无者，全在油漆时善于着色，如栏杆之本体有朱，则所托之板另用他色。他色亦不得泛用，当以屋内墙壁之色为色。如墙系白粉，此板亦做粉色；壁系青砖，此板亦肖砖色。"又在"蕉叶联"部分提到："蕉色宜绿，筋色宜黑；字则宜添石黄，始觉陆离可爱，他色皆不称也。用石黄乳金更妙，全用金字则太俗矣。"①充分体现了李渔和谐唯美的造物观。

(二) 和出于适

整体统筹、系统谋划是达到"适"的条件。系统中各因素的协调配合才能达到适的状态。李渔以人的本能需求吃饭穿衣为例，竭力主张衣服的适身合体。他指出，当衣服不适身，则"宽者似窄，短者疑长，手欲出而袖使之藏，项宜伸而领为之曲，物不随人指使，遂如桎梏其身"②，也就是说须量体裁衣。只有衣服长短肥瘦得体，穿在身上才能舒适得体，才能行动自如。并且他也指出，身材肌肤条件不是十分理想的人，"即当相体裁衣，不得混施色相。相体裁衣之法，变化多端，不应胶柱而论，然不得已而强言其略，则在务从其近而已。面颜近白者，衣色可深可浅；其近黑者，则不宜浅而独宜深，浅则愈彰其黑矣。肌肤近腻者，衣服可精可粗；其

---

① (清)李渔：《闲情偶寄》，上海古籍出版社2000年版，第213页。
② (清)李渔：《闲情偶寄》，上海古籍出版社2000年版，第149页。

近糙者,则不宜精,而独宜粗。精则愈形其糙。"①天生丽质的人,不论衣服深浅精粗如何,穿在他们的身上,都能有良好的效果,"大约面色之最白最嫩,与体态之最轻盈者,斯无往而不宜;色之浅者显其淡,色之深者愈显其淡;衣之精者形其娇,衣之粗者愈形其娇。"故而可以看出,一件衣服要想取得很好的穿戴效果,衬托出人的美姿,关键要"相体裁衣",不论是款式还是色泽方面,使服装与穿着者尽可能保持很好的协调,才能起到扬长避短的美化效果。否则,可能非但起不到美化的效果,反而会适得其反,丑化自己。李渔说:"然人有生成之面,面有相配之衣,衣有相配之色,皆一定而不可移者。今试取鲜衣一袭,令少妇数人先后服之,定有一二中看,一二不中看者,以其面色与衣色有相称不相称之别,非衣有公私向背于其间也。使贵人之妇之面色,不宜文采,而宜缟素,必欲去缟素而就文采,不几与面为仇乎?故曰不贵与家相称,而贵与貌相宜。"②从中我们可以看出,李渔强调服装选配,要讲究适之形貌的外部条件,只有和谐得体了,才能相得益彰。

(三)和即宜也

"宜,所安也。"所安,安居乐业,人皆有食,人皆能言,即和谐。笠翁在家乡伊山之麓的伊园,虽只是"容身小屋一而已",但是依山傍水而建,雅致脱俗。他在《〈伊园十便〉小序》中记叙了内心的自得:"伊园主人结庐山麓,杜门扫轨,弃世若遗,有客过而问之曰:'子离群索居,静则静矣,其如取给未便何?'对曰:'余爱山水自然之利,享花鸟殷勤之奉,其便实多,未能悉数,予何云之左也。"其晚年在西湖之畔的层园,也是依云居山麓和山巅的地势起伏,依层而建。不知是笠翁的造园实践成就了他因地制宜的建构理论还是其本身的建造思想造就了他神仙般的安生之所。然而,笠翁确实将因地制宜作为其园林设计的重要法则。"房舍忌似平原,须有高下之势。不独园圃为然,居宅亦应如是。前卑后高,理

---

① (清)李渔:《闲情偶寄》,上海古籍出版社2000年版,第155页。
② (清)李渔:《闲情偶寄》,上海古籍出版社2000年版,第155页。

之常也。然地不如是，而强欲如是，亦病其拘。总有因地制宜之法：高者造屋，卑者建楼，一法也；卑处叠石为山，高处浚水为池，二法也。又有因其高而愈高之，竖阁磊峰于峻坡之上；因其卑而愈卑之，穿塘凿井于下湿之区。总无一定之法，神而明之，存乎其人，此非可以遥授方略者矣。"①他在《闲情偶寄》中这样总结道。无论是房舍还是园圃的设计建造，都要有"高下之势"，切忌"似平原"。故而要依地势而建，高地建屋，底地建楼，此一法；底处叠石造假山，高处引水修水池，此二法；也可高上加高，在陡坡处"竖阁磊峰"，低洼处"穿塘凿井"，此三法也。当然，法无定法，因地制宜，因势利导，建造者心领神会灵活运用。

无独有偶，明代计成在《园冶》中对因地制宜的造园之法也有颇多见解。曾言："凡造作，必先相地立基，然后定其间进，量其广狭，随曲合方，是在主者，能妙于得体合宜，未可拘牵。假如基地偏缺，邻嵌何必欲求其齐，其屋架何必拘三五间，为进多少？半间一广，自然雅称，斯所谓'主人之七分'也。"②同样是因地制宜，李渔注重的是房屋的建造以地势的起伏而设定，更多的是出于纵向的空间考虑；而计成则更侧重于依据地基的广狭而随机应变，变劣势为优势，不受成法所拘束，这样才能使园林整体"得体合宜"，才能使园林"自然雅称"。故可见，他更侧重的是地基的平面因素。另外，作为园林建造的专著，《园冶》从环境美学的角度去看待因地制宜的环境设计原则，给出了"虽由人作，宛自天开"的造园之法。

从空间上因地制宜，从时间上笠翁提出与时相宜。在《闲情偶寄·器玩部·位置第二》忌排偶篇中指出："当行之法，则有时变化，就地权宜，视形体为纵横曲直，非可预设规模者也。"③他倡导"与时变化，就地权宜"，反对"预得规模"，反对用统一的"规模"去复制所有的园林景物，造成千篇一律，呆板僵滞的后果。"因地

---

① （清）李渔：《闲情偶寄》，上海古籍出版社 2000 年版，第 183 页。
② （明）计成：《园冶》，商务印书馆 1957 年版，第 63~64 页。
③ （清）李渔：《闲情偶寄》，上海古籍出版社 2000 年版，第 258 页。

制宜，不拘成见，一榱一桷，必令出自己裁"①理论的坚持，给实践以指导，体现了以"宜"造物的实践原则。

"美的真谛应该是和谐。这种和谐体现在人身上，就造就了人的美；表现在事物上，就造就了物的美；融合在环境中，就造就了环境的美。"②李渔造物崇尚和谐为美，从整体意识出发，考虑各因素，使其在"适"的范围内，达到"宜"的效果，如此则和谐现，则美随之而生。

第三节 崇尚技艺

正如笠翁所言："'心之官则思'。如其不思，则焉用此心为哉？"③他正是一个用心去思考，用双手去实践的设计家，是一个用心去追求鲜明的个人生活色彩的才子，不愿随波逐流，更不愿人云亦云。与其说他不拘泥于现实的清规戒律、凡尘俗物，不如说他是生活的弄潮者，时时寻找着改变自己生活的契机，证明着存在着这样的自我。

一、造物以用的功能美

李渔造窗，讲"坚而后论工拙"，"简斯可继，繁则难久"，"雅莫雅于此，"，"雅"即"美"也。又讲"但取其简者、坚者、自然者变之，事事以雕镂为戒，则人工渐去，而天巧自呈矣"④。适用坚固耐用的物品，使得天然之美自然呈现。李渔谈造房，"居宅无论精粗，总以能避风雨为贵"。物的存在，在于其功用性，物以致用，是物之为物的本质属性；物用生美，是物的外延属性。这与我们现代讲究的"人不是因为美而可爱，而是因可爱而生美"同属一理，体现了适用为美的朴素的造物美学观。笠翁抱着这样的思想造

---

① （清）李渔：《闲情偶寄》，上海古籍出版社2000年版，第181页。
② 引自冰心，转引自http://zuowen.2u4u.com.cn/node/22371。
③ （清）李渔：《闲情偶寄》，上海古籍出版社2000年版，第209页。
④ （清）李渔：《闲情偶寄》，上海古籍出版社2000年版，第191页。

物，造物但求实用，即使是别人嗜好收藏，花费巨资，购买古玩，他也不赞成。"设使制用此物之古人至今犹在，肯以盈千累万之金钱与整陌连阡之美产，易之而归，与之坐谈往事乎？"何止是居宅，在李渔的造物实践中，器具非但要求实用性，还注重其舒适性。在"橱柜"一节，李渔就开宗明义，强调橱柜制作最主要的是考虑它的容积问题，尽可能的能容纳更多的物："造橱立柜，无他智巧，总以多容善纳为贵。"①如设计"几案"，就要从实用功能考虑，"但恩欲置几案，其中三小物强不可少。一曰抽屉。此世所原有者也，然多忽略其事，而有设有不设。不知此一物也，有之斯逸，无此则劳，则可藉为容懒藏拙之地。文人所需，如剪、牍、刀、锥，究竟不能随取随得，役之如左右手也；一曰隔板，此予所独置也。冬月围炉，不能不设几案。火气上炎，每致桌面台心为之碎裂，不可不预为计也；一曰桌撒……非损高以补低，即截长而补短。"②可见造物以用，是李渔践行造物的首要原则。

　　造物的可用性远远满足不了笠翁的生活审美化目标。造物的易用性是起码的目标，即器具制作，还得考虑其使用的便捷舒适性。李渔细致入微地观察生活中人的客观需要，从生活中寻找设计点，发现问题，提出问题，然后有针对性地提出解决方案，进行造物设计，解决问题。考虑到夏日酷暑，李渔自创"凉杌"，其设计上有显著的特点：其一，杌面中间要镂空，像方盒。杌的四周和底部都用油灰封上，在方盒上盖以方瓦，此瓦江西福建烧制的最好，宜兴所制次之，且杌四面无障碍，够透风。与之相对，冬日严寒，李渔设计出的"暖椅"具有多种功能，使人免受寒冬的侵袭，暖椅在设计上又有诸多特点：(1)椅面宽大，"如太师椅而稍宽"，可容纳全身，"如睡翁椅而稍直"，坐卧皆宜。(2)在臀下和足下部位，需要透火气之处采用栅栏木格，"用栅者，透火气也，用板者，使暖气，纤毫不泄也"③。椅前后各设一门，前门进人，后面进火，或

---

① （清）李渔：《闲情偶寄》，上海古籍出版社2000年版，第237页。
② （清）李渔：《闲情偶寄》，上海古籍出版社2000年版，第229页。
③ （清）李渔：《闲情偶寄》，上海古籍出版社2000年版，第232页。

者不设置后门,使人火均进前门。(3)椅两侧镶以实木,其上可架一个置笔砚及书本的扶手匣,作几案用。(4)在脚底栅栏下置一薄砖,充当四周镶铜的活抽屉,放炭火于其中,以便随时抽出清灰或者加炭,此乃达到取暖最佳效果的关键。尤其令人称道的是笠翁在暖椅"利于身"的基础上进一步加以改造,使其兼具"益于事"的多重功能:(1)亦作焚香之炉。"炭上加灰,灰上置香。"(2)亦作暖砚之具。其火气自然向上蒸端砚,达"砚石常暖,永无呵冻之劳"之效。(3)亦作熏衣之笼。以替多个薰笼薰蒸衣物。(4)亦作有座之床。"倦而思眠,依椅可以暂息。"(5)亦作无足之案。"饥而就食,凭几可以加餐。"(6)更有甚者,亦作可眠之轿。"加以柱杆,则冲寒冒雪,体有余温"。倘若冬天果能有此椅"御尽奇寒,使五官四肢均受其利而弗觉",实属人生一大幸事哉。笠翁对自己的设计也十分满意,曾幽默地记述:"仓颉造字而天雨粟,夜鬼哭,以造化灵秘之气泄尽而无遗也。此制一出,得无重犯斯忌,而重杞人之忧乎?"①何等自信,实属慧心巧思之奇人也。

二、虚实相生的结构美

中国传统美学,常常以"虚实相生"作为艺术创作的指导,国画有别于西方油画,油画往往整幅画都被颜料所涂满,力图显示一种很充实的质感,而中国画则注重画面的疏密关系,画面总会或多或少的留出空间,这些虚的空间看似空,实则体现着宇宙间自由流动的气韵,是空中一种绝无仅有的期待力。缺少了这么一种虚,这幅画面都会缺乏活力,给审美主体以压抑不透气的感觉。造物亦同此理,正如李渔所说的:"言山石之美者,俱在透、漏、瘦三字。"同时他这样解释"透、漏、瘦"的审美原则:"此通于彼,彼通于此,若有道路可行,所谓透也;石上有眼,四面玲珑,所谓漏也;壁立当空,孤峙无倚,所谓瘦也。"②造山垒石虚实相生,山石中的虚空的部分非但没有使山石的整体变得残缺不全,反而使整个空间

---

① (清)李渔:《闲情偶寄》,上海古籍出版社2000年版,第233页。
② (清)李渔:《闲情偶寄》,上海古籍出版社2000年版,第223页。

顺畅贯通，增添了山石的变化和活力，有风环绕，有风声欢娱，有他景透出，视觉、听觉、触觉都能感受，与真山无异。

合理的造物结构本身就是一种美，毋庸置疑。虚实相生，以虚衬实，含蓄的内在美的体现，更是另外一种至上的美。山石的建造，不能一览无余。笠翁在"石壁"一节言："但壁后忌作平原，令人一览而尽，须有一物焉蔽之，使座客仰观不能穷而颠末，斯有万丈悬崖之势，而绝壁之名为不虚矣。"①表现了造园结构的含蓄美。

含蓄氛围的营造，虚的构建，往往通过隔景的方法把有限的空间分成若干的部分，彼此相通。相通的空间，融入"透、漏、瘦"，虽是实体的空间，却又互相分隔，从而造成含蓄的效果，增加园林景致的层次，进而激起游客游乐的兴致。园林建造的这种"含蓄"，才能激发游客不断探索的兴致，从而体会到在游乐过程中接连不断的乐趣与惊喜。

就是这种含蓄的表现方式，以虚映实。犹如画美人"犹抱琵琶半遮面"、诗歌表现"意不浅露，语不穷尽，句中有余味，篇中有余意"婉约的含蓄表达。园林大师陈从周说："静之物，动亦存焉，坐对石峰，透漏具备，而皴法之明快，线条之飞俊，虽静犹动。"②贝聿铭也曾指出："建筑中除了形体和空间之外，还存在着什么？还存在着空与实之间的变化，光在这些空间与实体上形成的效果极为重要"③。中国园林往往建在较小的地方，但地方虽小，却能造出无穷变化。虚实变化使然。多变的透视效果，通过新颖的立意，带着审美主体观赏，总以为自己看到的是最精彩的部分，但是绕过一个假山，走过一个水池，有时又有另一番天地，通过山石的建构，"透、漏、瘦"的手法的运用，营造一种曲径通幽、步移景移、虚实相生的园林意境。

---

① （清）李渔：《闲情偶寄》，上海古籍出版社2000年版，第224页。
② 陈从周：《陈从周散文选》，花城出版社1999年版，第36页。
③ ［德］盖罗·冯·波姆：《贝聿铭谈贝聿铭》，林兵译，文汇出版社2004年版，第38页。

三、造物在宜的尺度美

宜出于度的把握，度表现宜的存在。李渔恪守以宜为度的技艺法则。

首先，李渔注重人的尺度把握，包括考虑人的需求、人与所造之物的大小比例尺度、相宜与否以及人的安全性等问题。笠翁在指出"人不能无屋"，承认人的客观需求的同时，指出"吾愿显者之居，勿太高广"。对于一些贵族富户喜好"堂高数仞，榱题数尺"之房屋，笠翁直言，"宜于夏而不宜于冬"；对于"及肩之墙，容膝之屋"，"适于主而不适于宾"；登豪门显贵之家，"令人不寒而栗"；造"寒士之庐"，让人感到窘迫。"房屋与人，欲其相称"，造物在宜的尺度是需要把握的。从人的角度出发，"使显者之躯，能如汤文之九尺十尺，则高数仞为宜，不则堂愈高而人愈觉其矮，地愈宽而体愈形其瘠，何如略小其堂，而宽大其身之为得乎？"①如果达官显贵的身躯能像商汤、周文王那样高达九尺十尺，那么房屋高达数丈就十分合适。不然的话，房屋越高，人越显得矮，地面越宽，人越显得瘦小。何不把房屋建得小一些，让人显得高大一些呢？正如山水画法所述"丈山尺树，寸马豆人"，以人的客观生理条件为设计尺度，使物与人相称。

其次，造物但使其美，艺术尺度运用，形式美法则遵循必不可少。在室内陈设安排上，笠翁提出忌排偶、贵活变的置物原则。"位置器玩与位置人才同一理也。"安放器物，务必纵横得当。"他如方圆曲直，齐整参差，皆有就地立局之方，因时制宜之法。"②但凡置物，都要按照物本身的特性，物与物之间的相互关系设计编排，都是需要设计，及运用艺术尺度规划的。具体的编排之法他也颇有见地：多物排列呈八字形、四方体甚至是梅花体皆显呆板，独品字形或者火字格较为灵活，以其能体现勾连、疏密相互关系而深得笠翁认可，也即现代之重韵律讲节奏的形式美法则。

---

① （清）李渔：《闲情偶寄》，上海古籍出版社2000年版，第180页。
② （清）李渔：《闲情偶寄》，上海古籍出版社2000年版，第257页。

第六章 李渔造物思想的审美观

笠翁在指出"言山石之美者,俱在透、漏、瘦三字"之后,紧接着指出"然透、瘦二字全在宜然,漏则不应太甚"。倘若处处有眼,则似窑中烧制的瓦器,按照预定的尺寸结构操作,一个洞都不能堵塞,而不似天然之石,全部堵塞,偶然看到有一处通孔,此则所谓的石性。"石纹石色取其相同",如粗纹与粗纹需要拼合在一起,细纹与细纹需要垒在一方。各石色也应类聚。"然分别太甚,至其相悬接壤处,反觉异同,不若随取随得,变化从心之为便。"①选择合适的度才能遵从石性。形式的法则,结构的处理有其规律,尺度的把握至关重要。其在造物中的运用,增强了人工造物、环境的生气,使之成为人精神世界的衍生物。"一花一石,位置得宜。""位置"指造园家塑山垒石的艺术创作活动,"得宜"就是恰到好处,指艺术创造的分寸与技巧。李渔造园将一花一石安置得当,使其恰到好处地表现出人的灵性,充分出发心中之逸气,才真正体现出园林的美。

崇尚技艺,生活艺术化的技艺在于造物以用的功能审美观,在于虚实相生的结构审美观,在于把握形式美尺度的造物在宜的尺度审美观。以实用为前提的结构创造、形式把握、尺度把握共同构成了李渔造物活动的技艺美。

第四节 精于形态

物以载道,物之为物,其所承载的内在的本质正是通过造物活动所遵循的某些客观的法则来实现的。"贵精不贵丽"、"宜简不宜繁"、"与貌相宜"等造物主张体现了李渔精干形态的审美观,深究之,乃知道载于物。

一、"贵精不贵丽",雅则奇现

资本主义萌芽的明末清初,商人不仅摆脱了被人无端歧视的地位,而且激发了社会各阶级崇尚过着奢靡生活的社会风气。针对当

---

① (清)李渔:《闲情偶寄》,上海古籍出版社2000年版,第223页。

时社会上的这一现状，李渔很是反感，指出建造房屋的土木之事，"最忌奢靡"，明确主张居室之置，"贵精不贵丽，贵新奇大雅，不贵纤巧烂漫"，极力反对过分的装扮粉饰。对于流行在当时造园界竞相比富、争相比丽的社会风气也大加批判，称自己"以柴为扉，以瓮作牖"也能做出新奇优美的作品，"制度果精"、"材用其美"也照样"变俗为雅"、"点铁成金"。李渔造物将精巧、新奇、雅观作为了造物的审美标准和判断依据。

另外，李渔在《闲情偶寄·凡例七则》中就提出"崇尚俭朴"的造物原则："创立新制，最忌导人以奢……如《居室》、《器玩》、《饮馔》、《种植》、《颐养》诸部，皆寓节俭于制度之中，黜奢靡于绳墨之外。"①正如他所言："凡予所言，皆属价廉工省之事，即有所费，亦不及雕镂粉藻之百一。"他的《闲情偶寄》，全书紧扣"俭朴"二字，如其所言，"予贫士也，仅识寒酸之事"，难辞财力经济不足之由，但此中最主要反映的恐怕还是个人的艺术趣味的取舍趋向。

一如园林建造雅俗和主人的审美息息相关。园林雅俗与主人的关系："造物鬼神之技，亦有工拙雅俗之分，以主人之去取为去取。主人雅而喜工，则工且雅者致矣；主人俗而容拙，则拙而俗者来矣。有费累万金钱，而使山不成山、石不成石者，亦是造物鬼神作祟，为之摹神写像，以肖其为人也。一花一石，位置得宜，主人神情已见乎此矣。"②园林的雅俗、巧拙全取决于"主人"，反过来又体现了"主人"的艺术趣味，所谓园肖其人，亦是此理。当然，这里所说的"主人"，亦如计成《园冶》中所指的"能主之人"，也即主持造园事宜的造园者。李渔还明确指出"人之一生，他病可有，俗不可有"，并比之医俗如治病，表现了他鄙弃流俗的坚决态度。"凡人止好富丽者，非好富丽，因其不能创异标新，舍富丽无所见长，只得以此塞责。"③以富丽奢华的俗气，掩盖自身不能表现雅

---

① （清）李渔：《闲情偶寄》，上海古籍出版社2000年版，第11页。
② （清）李渔：《闲情偶寄》，上海古籍出版社2000年版，第220页。
③ （清）李渔：《闲情偶寄》，上海古籍出版社2000年版，第181页。

第六章 李渔造物思想的审美观

致、新奇的不足。

"创立新制,最忌导人以奢。奢则贫者难行,而使富贵之家日流于侈"①,当人们沉醉于华丽、奢靡的装饰享乐之风的时候,往往就会陷入攀比、显富、恶俗的泥沼之中。以精代丽,尚简弃奢,崇雅去俗,则"创异标新"。"只喜欢富丽堂皇的人,并不是真正的喜欢富丽堂皇,而是因为他们不能标新立异,除了华丽富贵以外就没有办法显示出长处了,只好这样敷衍了事。"②借奢华来逃避创新,借不相称的配饰来饰己,是主人很不明智的选择。华贵的衣服饰物,谁都知道它的华贵,谁没见过呢?但是纯朴的衣物,式样稍微新奇一些,确是人们所没见过的,更能吸引人们的注意,赢得他人的赞许。既省钱又能展现自己创造才华的机会,何乐而不为呢?

李渔借营造之事传达:奢侈的外在的伪装并不能收到很好的效果,采取简朴的创新方式更能赢得大家的目光。"有耳目即有聪明,有心思即有智巧,但苦自画为愚,未尝竭思穷虑以试之耳。"③不要懒于运用创意去设计自己的生活。

二、"宜简不宜繁",恒则持久

"大乐必易,大礼必简。"④

相距两千年,世不同,道同。李渔从自己的切身体验出发,给了这一道理新的阐释:"宜简不宜繁,宜自然不宜雕斫。凡事物之理,简斯可继,繁则难久,顺其性者必坚,戕其体者易坏。"⑤以木器为例,"木之为器,凡合笋使就者,皆顺其性以为之者也;雕刻使成者,皆戕其体而为之者也;一涉雕镂,则腐朽可立待矣。故窗棂栏杆之制,务使头头有笋,眼眼着撒。然头眼过密,笋撒太多,

---

① (清)李渔:《闲情偶寄》,上海古籍出版社2000年版,第10页。
② 杨鸿勋:《中国古典园林艺术结构原理》,载《文物》1982年,第49页,第142页。
③ 杨鸿勋:《中国古典园林艺术结构原理》,载《文物》1982年,第227页。
④ 吉联抗:《孔子:乐记》,音乐出版社1958年版,第10页。
⑤ (清)李渔:《闲情偶寄》,上海古籍出版社2000年版,第189页。

第四节 精于形态

又与雕镂无异,仍是戕其体也,故又宜简不宜繁。"①从实用的角度理性分析了造物为何"宜简不宜繁"。

首先,物客观存在,相对于外界环境是一个统一的整体。尽管其内在有着复杂的因子,但各因子间已经达成了平衡,其本性是简单的个体。作为稳定的独立存在,如果不受外界的任何因素影响,则可能会永远独立存在着。

其次,物客观存在是毋庸置疑的,但是其不受外界的任何因素影响是不现实的。自然之物要经受来自自然条件下的各种侵蚀,使之呈现出生命的各种形式。

接着,物依旧客观存在,自然条件对其的影响也是客观存在的。但是来自人工的改造却更大地影响着物本身的存在。如何才能让物在有限的生命力"持久恒",李渔给了答案:顺其性。物以其独立而客观存在,是统一的简单个体。改造它但要使之恒久则只能顺其性,而非戕其体,只能宜简不宜繁,顺物性而为。

从美的法则角度去分析"宜简不宜繁"的依据,则:"精而造疏,简而意足。"②简是一种追求本真的至高境界,是纯与素的本质体现,是"无物累"的释然,轻灵而隽永,清丽且俊秀,端庄且典雅。无怪乎孔夫子如此推崇"简"。简约的设计风格往往带给人以清新、舒畅的视觉感受,带给人以静谧的心理享受,易于成为经典之作。简厚精雅的明式家具证明了这一点,现流行于世的苹果iPhone 手机更是演绎了"易简"的法则,其所传达的精神持久熠熠生辉。

从经济的角度来看,李渔则亲自动手对"百裥裙"进行了去繁就简的改造:"近日吴门所尚'百裥裙',可谓尽美。予谓此裙宜配盛服,又不宜于家常,惜物力也。"故而对其改制:"人前十幅,家居八幅,则得丰俭之宜矣。"③在简单朴素中创造生活乐趣,享受生

---

① (清)李渔:《闲情偶寄》,上海古籍出版社 2000 年版,第 189 页。
② (北宋)宫廷、岳仁注:《宣和画谱》,湖南美术出版社 2004 年版,第 23 页。
③ (清)李渔:《闲情偶寄》,上海古籍出版社 2000 年版,第 159 页。

活精彩。去繁就简，去芜存真，简朴但绝不简单，非审视生活、思考生活之人所不能得也。

第五节 归本自然

人类以何种方式真实地生存着呢？荷尔德林这样描述道："充满劳绩，然而人诗意地，栖居在这片大地上。"海德格尔反复引用，并自己阐释其意，将其作为自己哲学的最高境界。"他认为：自然在一切现实之物中'在场'，以其在场状态贯穿万物，自然现身活动于人类劳作、民族命运之中，也现身于日月星辰、动物植物、岩石沙粒、河流气候中。"①并且他在《人，诗意的栖居》中提到他那位于海拔1150米的小木屋，"严冬的深夜里，暴风雪在小屋外肆虐，白雪覆盖了一切，还有什么时候比此时此刻更加适合哲学思考？这样的时候，所有的追问必然会变得更加单纯而富有实质性"。② 小木屋成为了他创作和思索的好地方，并影响着他的哲学思考。海德格尔在自然之中思考自己的命运，又把自己的命运投射于大自然，人与自然共生共存，朝夕相伴。是自然给了我们离开自然融入社会的勇气，李渔却用它来找寻归本自然之路。

一、纵情山水　美景入画

李渔曾归隐山中，然而现实迫使他不得不坠入尘世讨生活。为了维持生计，他以卖艺为生，日趋一日，受家庭添丁之累，遂仗自身之才游走于缙绅名宦之间，广结四方好友，受众人资助以度日。常有幸游历名山大川，纵情自然，一则吟诗作画，一则应和显贵。

"眼界关乎心境，人欲活泼其心，先宜活泼其眼"③，从视觉到心灵，从感官到精神。"若能实具一段闲情、一双慧眼，则过目

---

① 肖国飞、任春晓：《海德格尔——对技术本质的追问》，载《中共浙江省委党校学报》2001年第5期，第58~62页。
② 张祥龙：《海德格尔传》，商务印书馆2007年版，第89页。
③ （清）李渔：《闲情偶寄》，上海古籍出版社2000年版，第259页。

之物尽是画图，入耳之声无非诗料。譬如我坐窗内，人行窗外，无论见少年女子是一幅美人图，即见老妪白叟杖而来，亦是名人画幅中必不可无之物；见婴儿群戏是一幅百子图，即见牛羊并牧、鸡犬交哗，亦是词客文情内未尝偶缺之资。"①"不特以舟外无穷无景色摄入舟中，兼可以舟中所有之人物，并一切几席杯盘射出窗外，以备来往游人之玩赏。何也？以内视外，固是一幅理面山水；而以外视内，亦是一幅扇头人物。譬如拉妓邀僧，呼朋聚友，与之弹棋观画，分韵拈毫，或饮或歌，任眠任起，自外观之，无一不同绘事。同一物也，同一事也，此窗未设以前，仅作事物观；一有此窗，则不烦指点，人人俱作画图观矣。"②人景互融，好一幅人在画中游的绝妙美景。

李渔用艺术的眼光审视周围环境，视其为天然图画，沉醉其中，并在潜意识之中自觉地运用艺术作为参照欣赏周围的环境。以艺术为参照，即将环境理解为一幅画，依照欣赏绘画的方式欣赏窗外的景色。因而，李渔能够独具慧眼，周围之景在李渔的眼中都能够成为天然图画。在李渔眼中，窗外的佛塔寺观、湖光山色、云烟竹树、醉翁、樵夫、游女甚至马匹都构成了流动的画卷，其美在"如画性"，美在天然性。"是一日之内，现出百千万幅佳山佳水"，动态之中寄情于景，美景入画，纵情山水。造物之于李渔在此情此境中的意义，就在于它为李渔享受生活提供了直接基础，使得他对周围风景的欣赏、同友人的交流成为可能。

二、以美启真　美化生活

李渔一生云游四海，性情放荡不羁。喜自然舒畅，不喜促迫拘泥，喜自然贴切，不爱受拘于物。"予性最癖，不喜盆内之花，笼中之鸟，缸内之鱼，及案上有座之石，以其局促不舒，令人作囚鸾萦凤之想。"③此段描述表现了李渔造物思想中典型、真实、奔放、

---

① （清）李渔：《闲情偶寄》，上海古籍出版社2000年版，第201页。
② （清）李渔：《闲情偶寄》，上海古籍出版社2000年版，第193页。
③ （清）李渔：《闲情偶寄》，上海古籍出版社2000年版，第196页。

第六章 李渔造物思想的审美观

率真的个性。他以此性造园，倡"宜自然，不宜雕斫"，崇"顺其性"而非"戕其体"。因此在造园中，"随举一石，颠倒置之，无不苍古成文，纡回入画"①的案例数不胜数。因而李渔造园，首重自然环境，使园林环境与大自然融为一体。从他为自己建造的园居来看，早年居住的伊园和晚年所居层园皆依山而建。伊园便设在"近水邻山处"，屋前有方塘，屋后有瀑布。"山窗四面总玲珑，绿野青畴一望中"，四面苍翠朦胧，"步出柴扉便是山"，"两扉无意对山开"，可见伊园只在此山中的美妙意境。层园乃依云居山而造，该园面朝西湖，背倚钱塘江，笠翁得以常在"西子湖头濯足，东坡堤畔伸腰"，尽情享自然之恩赐的自在惬意，甚至有着终将自葬此山中，"老将尸骨葬西湖"的梦想，可见李渔痴迷山水到达了至上的境界。李渔晚年移居金陵，位于古城南郊建造了芥子园，虽不及伊园和层园的风景和气势，然芥子园"后有小山一座，高不逾丈，宽止及寻，而其中则有丹崖碧水，茂林修竹，鸣禽响瀑，茅屋板桥，凡山居所有之物，无一不备"②。从李渔之建此三座园林可知，其假借窗外山水，以全主人之好，以美启真，归本自然的真是个性。

笠翁利用书房前淹死的石榴树、橙树而作梅窗，取其似古梅之"枝柯盘曲"以及"老干盘错"为器。取材于自然，制作亦如此，"取老干之近直者，顺其本来，不加斧凿，为窗之上下两旁，是窗之外廓具……其盘曲之一面，则匪特尽全其天，不稍戕斫，并疏枝细梗而留之"③。巧妙地利用自然之物，假借自然和人的和谐关系，尽得造物之根本，故而取得了很大的成功，"同人见之，无不叫绝"，连笠翁自己也称其为自己生平制作之最佳。

古者能近自然者无数，然如笠翁之辈者几人？生居其中，纵情山水，借景而活，巧用天然以造物，以美启真，美化生活；死亦投身自然，归本其中……

---

① （清）李渔：《闲情偶寄》，上海古籍出版社2000年版，第220页。
② （清）李渔：《闲情偶寄》，上海古籍出版社2000年版，第194页。
③ （清）李渔：《闲情偶寄》，上海古籍出版社2000年版，第195页。

第七章 李渔造物的娱乐思想

第一节 倡导娱乐的背景和意义

明中叶以来,正值资本主义的萌芽阶段,以黄宗羲、傅山为代表的早期启蒙思想家,以激进态度表达对封建制度的不满和批判:公开反对封建土地所有制并主张"工商皆本";猛烈抨击君权;提倡个性解放和人文主义。开明人士为商业存在的合理性及价值做辩护,如汪道昆在为商人写的墓志铭中说:"良贾何负鸿儒",又如李贽反诘:"商贾亦何鄙之有?"此言论相对亲民、和缓的人文主义思潮得到了社会各阶层,尤其是市民阶层的极大拥护。商品经济的发达也为市民社会游玩纵乐的需求提供了物质条件。

以王阳明的心学及其后的泰州学派等人为代表的启蒙思想,反对理学,倡导自由,建立在工商业发展带来的日常生活娱乐化基础之上的人性理念得到了空前的解放,受到传统"存天理,灭人欲"理学压抑的人欲思想逐渐膨胀,并迅速在整个社会滋生。李贽把"好货好色"作为人的本性需求,袁宏道则更直接地喊出了纵乐主义:"目极世间之色,耳极世间之声,身极世间之鲜,口极世间之谭"的"至乐"。从文化层面来看,人文主义思潮根源于正统文化在市民阶层心中的动摇。工商业的发展促使市民阶层挣脱了传统禁欲思想的枷锁。他们对娱乐文化的需求刺激了出版业发展,推动了戏曲、小说等世俗文学的地位不断攀升。长期混杂于众生之间,盘桓于市井街头的士人阶层成为大众文化的发起者,大量作品反对蒙昧主义、禁欲主义,相反享乐主义的主题逐渐蔓延而成为当时的主题。故为市民阶层尚乐提供了思想基础。

第七章　李渔造物的娱乐思想

经历了明灭清兴的朝代变更和社会政局的动荡，文人志士颇有壮志难酬的无奈。一腔报国热情不能得以舒展，既有对故国爱恨交加的感伤，又有对新朝难以接受的恐惧。认定社会现实险恶的他们选择了纵乐于游园珍玩之中，以避祸，逃离政治的纷争；以怡情，修养身心，在自己的理想王国中寻求不得志的些许安慰，找到一条"享乐自适"的道路。

"求乐避苦乃人之常情"，李渔"劝人以乐"，以导人欲。"伤哉！造物生人一场，为时不满百岁。彼夭折之辈无论矣，姑就永年者道之，即使三万六千日，尽是追欢取乐时，亦非无限光阴，终有报罢之日。况此百年以内，有无数忧愁困苦、疾病颠连、名缰利锁、惊风骇浪，阻人燕游，使徒有百岁之虚名，并无一岁二岁享生人应有之福之实际乎！"①"恐我者，欲使及时为乐，当视此辈为前车也。"②

倡导娱乐的积极意义有以下两点：

(1) 倡导娱乐是对人性的认识的提升和对人欲的尊重。

倡导娱乐是一种人性的解放，是对人欲的肯定和赞扬。娱是一种方式，乐是一种追求，娱乐本质上是一种精神观照。儒家虽求乐，但传统儒士道貌岸然很难使之与乐联系在一起，以伦理道德、三纲五常面孔出现的儒家思想也终究不能找到真乐。王阳明心学以乐为心之本体，扬人生乃至乐之地。这一思想源自对人的深层次的思考，自诞生之日起就宣告着人不再只是伦理道德的支配者，人还是自我需求和欲望满足的渴望者。故自王阳明之后明清纵乐风气大开。诚如李泽厚曾说，中国传统文化是"审美型"的乐感文化，而非与生俱来的以原罪为根源的宗教文化。人与万物间的和谐共生在本质上是一种内在生命的和谐循环。古人视宇宙天地有生，视人为生命轮回之本体。儒、道、墨以及禅宗之文化，皆讲究重生且乐生。所有皆是由对生命的肯定发展到对生生不息的讴歌与赞美，是根植于中国传统文化内在的生命哲学，诞生于这种内在的生命和谐

---

① （清）李渔：《闲情偶寄》，上海古籍出版社2000年版，第339页。
② （清）李渔：《闲情偶寄》，上海古籍出版社2000年版，第339页。

第一节　倡导娱乐的背景和意义

投射到情感上即为"乐"。"乐"乃生命的奋发和赞扬。人皆求乐，自然万物亦求乐，生命的本质即为乐而存在。人是客观的自我存在，人之为人，正是有喜怒哀乐的外在情感表现和内在感受。尚喜恶悲，尚乐恶哀，尚逸恶劳，都是人的本性所趋。

（2）倡导娱乐是特定社会环境下的自适。

"吾贫贱一生，播迁流离，不一其处，虽债而食，赁而居，总未尝稍污其座。"①在那个年代那个背景下的闲散文人，生活中经历了很多的磨难和坎坷，时常有捉襟见肘的辛酸，但李渔依旧能保持一颗自适的心，搭建一条通往理想的桥。"他的生活环境是他应该鄙视的，但是他又始终被困在这个他所能活动的唯一的环境里。"②这一点很值得我们借鉴。社会是一个错综复杂的客体，生活在这个客体中的我们，具有自己的主观愿望，如何能在客观的世界里达到自我实现？局限于社会背景中的我们要能够充分挖掘自我的主观能动性，在困着我们的唯一的环境里找到自由的空间，去实现自己的理想，找到自我的价值存在是很难得的。李渔做到了，他虽不能兼济天下，也不能独善其身，只能通过游走于名士权贵之间，争得些许生活之资，然生活中他却能怡然自得，在自己仅有的那片天空下翩翩起舞。

这种自适的心态从某种意义上来讲是人的一种本能。本能地去倡导娱乐，本能地去自适，本能地去追寻心中的那份美好；这种自

---

①　（清）李渔：《闲情偶寄》，上海古籍出版社 2000 年版，第 180 页。

②　恩格斯：《诗歌和散文中的德国社会主义》，载《马克思恩格斯全集》第 4 卷，人民出版社 1958 年版，第 224 页。恩格斯写于 1846—1847 年。"真正的社会主义"，是 19 世纪 40 年代在德国流行的一股反动社会思潮，代表人物是莫泽斯·赫斯、卡尔·格律恩、卡尔·倍克、海尔曼·克里盖等人。这一反动思潮代表着德国小资产阶级利益，极力宣扬阶级调和抽象的个人之爱，反对无产阶级的革命斗争。在文艺美学上，"真正的社会主义"主张描写所谓"完美人性的人"，"歌颂胆怯的小市民的鄙俗风气"，向资产者摇尾乞怜。马克思和恩格斯从政治、哲学等方面对这一反动思潮进行了深刻的批判。恩格斯的《诗歌和散文中的德国社会主义》一文，集中批判了这一反动思潮的诗歌创作和文艺美学观点。

第七章 李渔造物的娱乐思想

适的心态从某种意义上来讲是一种追寻,是对"心如止水体自合"的诠释,是对入世和超世中庸的追寻;这种自适的心态从某种意义上讲是一种超脱,是一种超越现实的美好的梦的构建,是一种自我慰藉的方式。

第二节 行乐之法

人生苦短,现实社会往往使人身为形役。"醉酒当歌,人生几何?"芸芸众生越是追求所谓的乐境,越是觉得"去日苦多"。然李渔认为,人人皆可行乐,时时皆有乐道,无所谓贵贱凡圣,无所谓春秋冬夏。他在《闲情偶寄·颐养部》中就具体介绍了贵人、富人、贫贱行乐之法,以及春、夏、秋、冬、随时即景之乐道。听其所言,享其所乐,概之为行乐三途,即以心为乐、以情为乐、以新为乐。

一、以心为乐

李渔就富人因事务繁忙而忧:"行乐之时有几?"提出"乐不在外而在心"之念。"心以为乐则是境皆乐;心以为苦则无境不苦",也即生活痛苦还是快乐取决于心,显然他的看法受到王阳明心性之学的影响。进而分析,苦的感觉源自"万几在念,百务萦心",倘若从内心就将万几、百务视为乐而非苦,则乐生亦。尽管后来的波兰哲学家叔本华作为极端悲观主义的代表人物,认为"人生就是痛苦和无聊之间的钟摆",但是他认为这一痛苦源自人的各种永远都满足不了的欲望,并且这种欲望"人半不是实际的现在,而是抽象的思虑,这思虑才是常使我们难于忍受的东西,才是给我们制造麻烦的东西。"[1]其中的"抽象的思虑"就是李渔所谓的烦恼的祸根"万几"和"百务"。

凡是分内应做的事情,推卸不掉的"万几"、"百务"都视之为

---

[1] 北京师范大学哲学系编:《现代西方哲学著作选编》,1987年版,第130页。

乐事。尽管有些牵强，颇有"心理暗示法"的意味。如何做到将其视为乐事呢？"为公卿将相、群辅百僚者，居心亦复如是，则不必于视朝听政、放衙理事、治人事神、反躬修己之外，别寻乐境，即此得为之地，便是行乐之场。"①为何？"一举笔而安天下，一矢口而遂群生，以天下群生之乐为乐"②。在自己的职责能力范围，做量力而行之事，则是处于"乐境"。

树立正确的享乐观，心系国家、百姓，以为国家百姓的生计而操劳为乐，则生活之乐亦生。同时李渔传授"退一步法"，即"以不如己者视己，则日见可乐"，则乐事足已。知足常乐，能以为国家、为百姓出力而感到莫大的荣幸，乐由此生。正如卢梭所认为的，分内之事即自己的欲望和自己的力量相符合的事情。由此可见，虽李渔极力劝人行乐，然也并非所谓的纵欲，而是知足而乐。

二、以情为乐

"心统性情"，"性是未动，情是已动，心包得未动已动。盖心之未动则为性，已动则为情"③。以心为乐，且乐表现于外则为情。传统儒家思想并不抑制人的性情的抒发，然性情的抒发须在理的规范之下。即是诸子提出的"玩物适情"也笼罩着"存天理，灭人欲"的阴影。但自王阳明心学始，随后泰州学派对程朱理学中以"理"抑"情"的批判，极大地影响了明末清初的士大夫阶层的思想，从汤显祖《牡丹亭》中对自由爱情的讴歌，及冯梦龙《情史》中"我欲立情教，教诲诸众生"为序中就可见一斑。而李渔《闲情偶寄》则是把"情"作为摆脱忧愁困苦的良药。

李渔认为人的一生，必定有钦慕之人、"偏好"之物。此人此物皆是情之所至，得之则乐，不得则忧。故而不能绝情，更不能弃欲，而是要顺导，即所谓"人为情死，而不以情药之，岂人为饥

---

① （清）李渔：《闲情偶寄》，上海古籍出版社2000年版，第342页。
② （清）李渔：《闲情偶寄》，上海古籍出版社2000年版，第342页。
③ （宋）朱熹、黎靖德编：《朱子语类》卷五，岳麓书社1986年版，第93页。

死，而仍戒令勿食"之理也。

三、以新为乐

李渔自言，"好为矫异"，不喜雷同。与其说这是笠翁自我个性、追求独立的反映，不如说是人性所趋。"但见新人笑，哪闻旧人哭"的场景在漫漫历史长河中不断重演足能证明这一点。喜新厌旧乃性所使然，好奇心往往被新异所诱惑。李渔追求新异，享受新异带给他无时不有的生活乐趣。倘若每日所见、所居皆守旧、雷同，则生活今日与昨日无不同，明日如昨日，则何来快乐所言。

"喜新厌旧"，谓古之常理。生活诗意化的李渔认为，平时所见所触皆能陶冶心境。人要想活泼其心，必须先使眼见常新、感知常新、用之常新，乃至四周所处事物常新，则心长乐。因李渔对生活求新，故其造物崇新，以新为乐，用新创乐。

新是乐的基础。以新为乐首先给人的是一种与众不同，耳目一新的感觉："锦绣绮罗，谁不知贵，亦谁不见之？缟衣互裳，其制略新，则为众目所射，以其未尝睹也。"①

如何才能以心为乐呢？《闲情偶寄》之中虽未明确提及，然李渔作为好新之人，书中处处都流露出造新之法，总结可知，制度而新、位置而新。

制度而新往往伴随着新事物的诞生，乃事物本身从无到有的创造过程，是事物本身区别于原事物的新面貌的展现，其是以新为乐的最主要途径。李渔造物多用此法，饮食器具、桌椅床帐、橱柜箱笼、炉瓶灯柱皆为新制，有几案之实用、凉机暖椅之贴心、"床令生花"、橱柜之多容善纳、梅窗之巧取天然……此法前文涉及较多，此处不再赘述。

位置而新非事物本身有创新之制，乃是物与环境或者物物间的相互位置关系发生了相对变化，实乃物的空间创新也，故同样能给人以耳目一新的快感。"同一房也，以彼处门窗挪入此处，便觉耳

---

① （清）李渔：《闲情偶寄》，上海古籍出版社2000年版，第181页。

目一新,有如房舍皆迁者……房舍皆然,况器物乎?"①此外,离合而觉新也属于此类,一物处某处,常给人其在某处的存在,然离合之后复现,即位置发生了变化之后又出现在同一位置。物在空间和时间上的变化,使无情之物似有情,若有悲欢离合之人间情感,实属一乐也。

人生得意须尽欢,莫使金樽空对月。唐朝诗人李白劝人尽情行乐,且最好邀朋请友同乐之;李渔邀人行乐,不论悲喜、贫富皆可即时行乐。且其行乐非外在的借酒消愁、对酒当歌,而是由心到情,从内到外的至乐境界。人未有不喜新厌旧者,处新则妙趣由生,处旧则苦闷乏味。倘若今人亦能如李渔行乐之法,则生活无时无处不乐矣。

第三节 李渔的娱乐设计思想的世俗化趋势及其对传统美学的反动

一、娱乐设计思想的世俗化

在传统中国文化语境中,"世俗"乃世间风俗习惯。如《文子·道原》所言:"矜伪以惑世,畸行以迷众,圣人不以为世俗。"②亦如《史记·循吏列传》:"施教导民,上下和合,世俗盛美,政缓禁止,吏无奸邪,盗贼不起。"③此处的世俗,非指西方宗教逐渐由现实生活中无处不在的地位,退缩到一个相当独立的宗教领域而导致的政治、经济、文化逐渐去宗教化,即世俗化。而纯粹的是与宗教色彩无关的相对于神圣、相对于高雅的一种大众化的生活方式。

明中晚期,社会经济、阶级等级观念进行了巨大的重整,传统

---

① (清)李渔:《闲情偶寄》,上海古籍出版社2000年版,第259页
② 文子著,李德山译:《文子译注》,黑龙江人民出版社2003年版,第25页。
③ (汉)司马迁著,马持盈注:《史记今注》,台湾商务印书馆1979年版,第3121页。

第七章 李渔造物的娱乐思想

意义上的琴棋书画之类的高雅娱乐活动被广大的市民阶层束之高阁，而听戏、读小说之流的俗文化及其相关的娱乐思想不断发展，缩小了上层士大夫与平民百姓之间的距离，消费文明的发展使得人们的物质消费水平得到了较大的提高，甚至作为"时尚"、"玩赏"的消费习惯在社会各阶层中盛行。各种因素促成了这一时期的文化不再曲高和寡、阳春白雪，而是更加流于世俗化倾向。

"独乐乐不如众乐乐"，生活本身就是一场娱乐。由于时代背景使然，以及李渔身世家境的日趋衰落，特别是他对上流社会生活方式的倾慕而不达，及现实的生活压力等，促使李渔的娱乐设计思想逐渐表现出一种所谓的世俗化趋向。李渔一生对于文学、戏曲及其各种造物的创作总是有意无意地体现了一种世俗化的娱乐基因。

鲁迅认为："以意度之，则俗文之兴，当由二端，一为娱心，一为劝善。"[1]俗文学作家往往抱着娱乐人心和劝解向善的目的而创作的，从而取得娱乐和教化的双重作用。其中"娱心"不单"娱己心"，也包括两种"娱人心"，即自娱和他娱。

李渔娱乐的设计思想具体体现在娱乐主体世俗化、娱乐受众世俗化以及娱乐方式世俗化三个方面：

（一）娱乐主体世俗化

倡导"以心为乐"，构建人人皆能娱乐的大众娱乐观。"乐不在外而在心"[2]，"以心为乐，则是境皆乐，心以为苦，则无境不苦"[3]，以心为乐，则贵人、富人、贫贱之人都能享受快乐，且各有自乐。在李渔的生活中，上至造园修林，下至吃饭穿衣，无不暗藏乐机，乐趣横生。

"人无贵贱，家无贫富，饮食器皿，皆所必需"[4]，皆有乐道。寒俭之家，以柴为扉，以瓮作牖，都有黄虞三代之风。瓮为牖，取

---

[1] 鲁迅：《中国小说史略》，人民文学出版社1975年版，第87页。
[2] （清）李渔：《闲情偶寄》，上海古籍出版社2000年版，第340页。
[3] （清）李渔：《闲情偶寄》，上海古籍出版社2000年版，第340页。
[4] （清）李渔：《闲情偶寄》，上海古籍出版社2000年版，第227页。

第三节 李渔的娱乐设计思想的世俗化趋势及其对传统美学的反动

破裂的瓮片连接，令其大小交错而成，亦如哥窑冰裂之风。耳目聪明，心思智巧者都可为之。笠翁所授"梅窗"之制，"家家可用，人人可办，讵非耳目之前第一乐事？"①

甚至人人必用的床，也能自己动手打造，笠翁介绍了支床之法："其法维何？一曰床令生花，二曰帐使有骨，三曰帐宜加锁，四曰床要着裙。"其中"帐使有骨"、"帐宜加锁"、"帐要着裙"都是能让人在床上睡眠质量更好而设计的，而"床令生花"则是对床的文化雅趣而言的，装饰性让人在休息的同时使心情更加愉悦。"若是，则身非身也，蝶也，飞眠宿食尽在花间；人非人也，仙也，行起坐卧无非乐境。予尝于梦酣睡足、将觉未觉之时，忽嗅腊梅之香，咽喉齿颊尽带幽芬，似从脏腑中出，不觉身轻欲举，谓此身必不复在人间世矣。"如此生活雅趣，可能需要一定的品位和生活情调才能想出来，但是笠翁让人人皆能自制，皆能享受其中之乐。"种树之乐多端，而其不便于雅人者亦有一节：枝叶繁冗，不漏月光。隔婵娟而不便见者，此其无心之过，不足责也。然匪树木无心，人无心耳。使于种植之初，甄防及此，留一线之余天，以待月轮出投，则昼夜均受其利矣。"即使是一棵很不起眼的柳树，经由笠翁的拾掇，也能具备浓郁的文化气息。树令生月，美妙的意境随之浮现。世人纷纷效仿之，皆尝"月上柳梢头，人约黄昏后"的深幽美景。

以一人之力带动整个社会享受娱乐化的生活或许是很难办到的，但是在当人人都有娱乐意识，都想借造物以娱乐，以享受更美好生活的时候，授人以渔，犹如雪中送炭，点燃整个社会的娱乐热情。况在明末清初之际，有一大批李渔之辈带动着社会芸芸众生在娱乐中生活，在生活中娱乐。故而人人皆娱，娱乐主体从社会上层蔓延到社会底层，在文人士大夫阶层的推波助澜下，娱乐也就随之社会化了。

---

① （清）李渔：《闲情偶寄》，上海古籍出版社2000年版，第196页。

(二)娱乐受众世俗化

李渔以自身的时代背景为依托,将娱乐生活化,肯定娱乐的社会价值和经济价值,并确立了"自娱"的生活方式:寓情致于山水,诉幽怀于花草,孕世情于粉墨,寄心志于翰墨,辗转游历于大江南北,应和吟唱于荣枯之间。感受这人间百般妙趣的同时,他也不忘把独乐推广到众乐,把自娱推进到众娱。也间接地推动了自己娱乐产品的受众人群。

从李渔治墙来看,"居室器物之有公者,惟墙壁一种","内外悠分,人我相半",故而要"一家筑墙,二家好看"。因为治墙不仅给自己看,还要给别人看。作为外墙的部分就要做到美化环境,给其适当的装饰。李渔在这里就突出墙的装饰作用,墙是形成建筑园林外观美的最直接元素。给自己一个舒适的居住环境外带给别人审美的享受,娱己的同时还能娱人。

另外,从李渔提出"填词之设,专为登场"这点我们也可以看出,他的艺术创作不再只是文人遣情抒怀的手段,而是加强了艺术的娱乐大众、提升大众审美的功能。他指出剧本创作要开门见山,使观众能够迅速了解剧目主体和剧情。对于观众先入为主的观念,他提出了作剧要尽快安排角色出场,以免延误娱乐受众对角色的识见,等等。就表演而言,注重抒情与叙述结合,即能揭示人物的内心世界又有性格化极强的外部动作表现,让受众充分的理解创作。在戏曲演出时还要善于"逗笑",取悦观众。将本来就是世俗文化的戏曲更加世俗化,娱乐受众扩大化,使娱乐不再只是孤芳自赏、曲高和寡的少数人的游戏,而是社会大众都能够欣赏的喜闻乐见的活动。

(三)娱乐方式世俗化

从高雅的艺术形式深入到市井生活中,人人皆有乐道。"随时即景就事行乐",其娱乐设计思想也不可避免的流入世俗。

娱乐三途,"以心为乐",乐源自于心,内心的娱乐才是至乐。扪心自问,人人都能翻出埋藏在心底的娱乐需求和钟爱的娱乐方

第三节 李渔的娱乐设计思想的世俗化趋势及其对传统美学的反动

式。李渔提倡娱乐，提倡人们冲破理性的过度约束，激发人性，寻找满足人欲的多种娱乐方式，并授之以法，加以引导。

"以情为乐"，从人的内心出发，毫不掩饰地抒发自己的感情，找寻自己的娱乐方式。李渔造船窗过程中应用了"取景在借"。"此窗不但娱己，兼可娱人。不特以舟外无穷之景色摄入舟中，兼可以舟中所有之人物，并一切几席杯盘射出窗外，以备来往游人之玩赏。何也？以内视外，固是一幅理面山水；而以外视内，亦是一幅扇头人物。譬如拉妓邀僧，呼朋聚友，与之弹棋观画，分韵拈毫，或饮或歌，任眠任起，自外观之，无一不同绘事。""开窗莫妙于借景，"充分显示了性情悠然的欢情思想。

"以新为乐"，从制度而新到位置而新，寓娱乐于造物，寓造物于生活。设计生活，设计赖以安身的房屋，设计窗门桌椅、茶几板凳，设计饮食器具、设计山石园林。穷俭之人有他们的生活，故而有其特有的娱乐方式，富人贵人也一样，而娱乐方式也随着娱乐主体而大众化。

时代造就了一批冲破理性、重视人性、渴望人欲满足的大众，李渔则在《闲情偶寄》中加以顺导，使其娱乐思想以世俗化的方式让娱乐从主体到客体世俗化。

二、对传统美学的反动

李渔走的是一条文人世俗化的道路，他有经国济世之理想，但终因其文章所指皆在屦履之间，所说及其学说的呈现形式的世俗化是对日常生活方方面面、锱铢琐事的具体性描述，不被时人所理解，更不被多数人所接受，尤其被所谓"腐儒"所不齿，其书也被统治者定为禁书，置于销毁之列。深究其原因，主要是李渔的思想是对儒家道说所倡导的传统美学的反动。

纵观《闲情偶寄》，戏曲理论以及表演的三部："词曲部"、"演习部"、"声容部"，造物相关的是"居室"、"器玩"两部，最后"饮馔"、"种植"、"颐养"，以上各部共同组成了李渔的闲情生活。

尚且不说"声容部"中对女子容貌姿色的多加评判、精笔细述、言辞轻薄，也不说他的书比任何禁欲主义更直白、更露骨地肯定了人的情欲，为世俗所汗颜，单就其全书所透露的注重享乐，甚至可以说是放荡散漫的生活态度就为传统美学所不容。

　　传统儒家思想推崇"仁"，其乃"善"的化身，"善"乃是生活中的"美"，是一种人道的东西，是一种积极进取、奋发图强的态度，如"天行健，君子以自强不息"。历代君王"罢黜百家，独尊儒术"旨在激发社会各阶层受伦理道德、三纲五常的约束，能够有君君臣臣、父父子子的社会阶级等级观念。而李渔却让人们冲破了这一层观念的束缚，肯定了人性的存在，肯定了人的欲望的满足的合理性。让社会底层的人们也能享有社会高层的娱乐享受，这就从某种程度上打破了统治阶级欲悬在每个人头上的紧箍咒，推翻了"存天理，灭人欲"的传统儒家美学魔咒，这是传统的封建社会所不允许、不能容忍的，是对传统美学的反动。

　　概而述之，不难发现，李渔将娱乐从文人雅趣的"诗中有画，画中有诗"的自我抒怀推及到人皆能娱、人皆可被娱、人皆有乐的世俗大众娱乐之中，让娱乐从少数人拥有的阳春白雪走向市井布衣的下里巴人，因而不免带有些许泥土的清新味，以及传统儒家所不能接受的秽浊之气。难登大雅之堂的俗文化的存在本身就是对传统美学的反动。

第八章 结 论

第一节 当代社会的消费性特征的变迁
——由功能性消费转入精神消费

德国著名的经济学家马克斯·韦伯①曾说：每个人只能看到自己的心中之物。对于我们所处的当代社会的消费性特点，每个学者从不同的角度来解释都会有不同的看法。法国著名社会学家让·鲍德里亚②在其代表作《消费社会》的开篇里曾说："今天，在人们的周围，存在着一种由不断增长的物质服务和物质财富所构成的惊人的消费和丰盛现象。它构成了人类自然环境中的一种根本变化。恰当地说，富有的人们不再像过去那样受到人的包围，而是受到物的

---

① Max Weber(中译名：马克斯·韦伯)(1864—1920)。德国著名的经济学家和社会学家，也是现代最具生命力和影响力的思想家之一，是公认的社会学三大"奠基人"之一(其他二者为卡尔·马克思(Karl Marx)与爱米尔·杜尔凯姆(Durkheim))。其对西方社会的影响是巨大的。

② Jean Baudrillard(中译名：让·鲍德里亚)(1929—2007)。法国哲学家，现代社会思想大师，后现代理论家，知识的"恐怖主义者"。波德里亚在巴黎获得了社会学博士学位，曾任教于巴黎十大和巴黎九大，从 1968 年出版《物体系》开始，撰写了一系列分析当代社会文化现象、批判当代资本主义的著作，并最终成为享誉世界的法国知识分子。《消费社会》一书从消费的意义上解释了时下的社会原则让他风靡于大众，他在相当程度上成为我国学界批判、理解消费社会的思想基础。他在"消费社会理论"和"后现代性的命运"方面卓有建树，在 20 世纪 80 年代这个被叫做"后现代"的年代，让·鲍德里亚在某些特定的圈子里作为最先进的媒介和社会理论家，一直被推崇为新的麦克卢汉。

第八章 结 论

包围……我们自己也慢慢变成官能性的人了。我们生活在物的时代：我是说，我们根据他们的节奏和不断替代的现实而生活着。"①

在以上两位大师看来，今天的人类与前人最大的区别就是人们不再生活在属于人性的世界，而是生活在一个属于物性的世界里。每天与人们接触最多的不是人类本身，而是人造物。近现代的哲学家们从不同的角度探讨过人类社会进展的物化现象，著名的哲学家和思想家马克思在《1844 年经济学——哲学手稿》中曾经系统地阐述了劳动的物化以及这种物化现象所带来的非人化的后果，是人的本质活动导致了物化现象的泛滥，其"商品拜物教"曾深刻论述了人造商品作为外在物对人类的逐步统治，人类的崇拜导致了这种泛滥的商品物充斥市场，其核心是人类通过商品交换和商品消费过程中凌驾于使用功能之上的外在功能统治了人的欲望。匈牙利著名的哲学家和文学批评家格奥尔格·卢卡奇也借用马克思的商品拜物教理论认为商品拜物教现象扮演了现代人的物化现象推进器，这种现象使商品结构中物物的关系掩盖了人与人的关系，它使物的关系凌驾在了人的关系之上。这一切都是因为物的基本使用功能在统治着人的意识，人工物的发展推动着人类社会不断地向前发展。

进入 20 世纪中后期以后，随着社会生产力的大幅度提高，工业化生产方式大大提高了生产效率，人类开始满足于物质化社会提供的丰富产品来满足人们温饱的基本生活条件。而进入 80—90 年代，科学技术的蓬勃发展，特别是计算机技术的普遍应用，更是实现了社会生产力的惊人跨越，社会财富急剧增加，社会商品迅速积累，大量的社会劳动产品充斥市场。后随着科技信息技术的高速普及以及社会物流业的壮大，特别是全球市场经济的发展，人类财富在全球范围内以最迅猛的势态覆盖流动。物质的丰富极大地缓解了人类以仅仅满足物质使用功能为单一需求的特点，人们对产品的功能需求，迅速向多元化的功能化需求方向发展。人类也逐步由物质生活的需求转向了以追求精神文化为需求的更高尚的目标渴望。这

---

① ［法］让·鲍德里亚：《消费社会》，刘成富、全志刚译，南京大学出版社 2006 年版，第 4 页。

第一节 当代社会的消费性特征的变迁——由功能性消费转入精神消费

也标志着当代社会的消费特征出现了由功能性消费转入精神消费的变迁。美国著名的经济学家邦德·凡勃伦①提出的炫耀性消费是精神消费的一种，是精神消费的某种行为表现，通过物的消费来表现自己所拥有的某种优势，从而获得自我满足的一种精神消费方式。著名的数码商品制造商苹果公司曾在 2007 年 6 月推出了一款 iPhone 手机，价格极高，但获得了广大青少年消费者的追捧，风靡全球。随后 2010 年 6 月在全球推出的全新升级版 iPhone4 手机上市，在美国上市的第一天就销售了 100 万部，全球单天销量更是达到了 1000 万部，创造了智能手机的销售神话。除去手机本身打电话、上网、拍照等使用功能外（和其他品牌手机功能相差无几），拥有它就拥有了"时尚"、"自信"，拥有了别人的羡慕目光，更深层次的精神消费恐怕才是这些消费者日夜排队购买的原驱动力。

从本质上说，消费的目的是对需要的满足，而生产又是为了满足消费。也就是生产—消费—需要。精神消费是当代社会市场经济条件下特有的消费形式，满足精神消费就是当下社会人们的一种特殊的消费形式，并且市场价值往往数倍于仅限于功能性消费的产品。人们消费行为的目的发生了变化，消费不是为了满足人们物质文化的需要、不是为了人的生存发展的需要，而是为了使人们在使用产品某一项实用功能时而在精神上获得极大的满足。当一辆汽车价格在 1 万美元时，首要体现的是功能价值；当一辆汽车价格达到 3 万~4 万美元时，在获得硬件的功能得到巨大满足的同时，精神性消费价值也得到了较大比例的体现；而当一辆汽车的价格到了 100 万美元甚至更高的价格时，精神性消费的价值观便得到巨大的

---

① Thorstein B. Veblen，全名：托斯丹·邦德·凡勃伦(1857—1929)，美国伟大的经济学巨匠、制度经济学鼻祖。凡勃仑是作为一个辛辣的社会批评家而为一般公众所知的，他这一风格的代表作是《有闲阶级论》一书。但从职业上说，他是个经济学家，是《政治经济学》杂志的第一主编，并在经济学的方法论问题上有广泛著述。制度经济学——几十年来的一个重要学派，是凡勃仑和约翰·R. 康芒斯(John R. Commons)创立的，韦斯利·克莱尔(Wesley Clair)、约翰·莫里斯·克拉克(John Maurice Clark)等后来的凡勃伦追随者们形成了这一学派的特点。

第八章　结　论

体现。在当今社会的市场经济条件下，生产者和经营者所追求的并不是消费者要求的单纯的使用价值，还有深层次的精神价值。这一层次的消费观和价值观是生产者和消费者所达成的共同默契。

满足精神消费的现象绝对不是当今社会人们消费的专利，古往今来一直有之，但受当时社会的生产力限制或者市场化经济以前，社会的共同财富还不足以满足普通民众的消费时，就绝对是少数统治阶级或者是资产阶级富豪们的专利。只有在当代社会文明程度高度发达、经济高度市场化发展的今天，普通的生产者、经营者和消费者才有可能通过市场这一经济杠杆将存在于商品中的属于精神消费的巨大潜力挖掘出来，来满足属于社会中绝大多数的普通消费者。在市场经济的大环境下，人们消费的产品，不管是物质产品还是精神产品，都成了交换和消费的对象。人们总习惯于以财富和金钱来衡量一个人或者一个团队的存在价值。而这种价值又往往通过具体的物体或者产品作为载体得以展现。如名牌汽车、名牌服饰、名牌手表、名烟名酒等，通过具体的物的宣传创造一种消费时尚或者消费精神，来满足于个人内心深处的某种精神需求。手持 iPhone 手机的人，可能会吸引别的消费者的目光集中在他的消费时尚上，这样他就消费了炫耀，或者没有人注意他，但他也消费了自信、消费了自我的价值体现。可见，在当代的现实社会中，人们对商品的消费已经不只是使用价值，而主要是消费它们的形象，即从形象中获取各种各样的情感体验或者情感的满足。因此，产品形象本身就转化成了使用价值，消费本身也就具有了一种符号和影像意义。人们获得某种消费品根本就不是出于使用的目的，只是为了占有它们，从而获得一种精神上的满足感。

美国心理学家马斯洛(A. H. Maslow)在人的动机理论中提出了人的需要的层次论。他把人的基本需要划分为以下六个层次：其一为生存需要，即对饥、渴、性、休息和安全防护等生理方面需要的满足；其二为归属关系和爱的需要；其三为受尊重的需要，即保持自身人格的独立和取得个人价值认同的需要。上述两项反映了对于社会交往方面的需要；其四为认知的需要，即求得对于事物认知和理解的需要；其五为审美的需要，即对于秩序感、和谐和美感的需要；其六为自我价值实现的需要，即发挥自身潜能以求得发展的需要。① 因此，在当代社会，物的设计者们需以促进人的全面发展为导向，通过产品的创意不断满足人们日益增长的物质和精神需要，这也是社会生产的根本目的。从经济的角度来说，消费首先是解构性的。经济决定了我们的文化艺术以及生活方式。在现代这样一个交流负担过重的世界里，我们面临着视觉、知觉、精神以及心理残酷性地被迅速破坏的现状。由于温饱的生理需求被满足、功能的重叠泛滥以及人们的新审美、新渴求、新欲望的不断更新在加速我们的消费心理疲劳，于是人们又在不断追求新的精神性消费产品。因此，当代社会的消费性特征也不得不迅速改变——由功能性的消费转向精神层面的消费。

第二节 李渔造物思想的超前性

中国社会在清代呈现出了由盛至衰的大变革，它不仅是社会意识形态上的一个分水岭，而且在哲学、美学、文学等思想方面所呈现的由古到今的形态转变也十分的明显。由于这种转变是由历史的内源力量驱动的，它对物质形态和精神形态的设计造物所产生的影响尤为明显。由于清代的"康乾盛世"几乎将中国的手工业制造达到了极致，清朝封建社会未经历彻底的工业革命的洗礼，无法再在设计造物方面取得新发展，继而转向了繁琐堆砌、流于庸俗、格调低下的手工艺产品的循环制造。而在同时期的欧洲，伴随着科技革命和工业革命的浪潮，工业化生产正在蒸蒸日上。

李渔的成长时期经历了社会、文化、经济、思想等各方面的转变，无疑会对其思想成长形成影响：对新经验持开放态度；对新社会与新文化能包容；对文化的多元化、经济的多体制欢迎对待；甚至于他的思想行为意识开始背离于封建正统的思想体系，儒家意识形态的独尊地位开始动摇。李渔的一生，不仅涉及美容、器具、美食、园艺、游玩等内容，还涉及戏服的设计制作、造园和房屋布

---

① ［美］马斯洛：《人的动机理论》，华夏出版社1992年版，第4页。

第八章 结　　论

置、家具制造等,他经营出版社自己发行,还兼防盗版;自编自导策划商业演出;自己造物设计出售产品等。如果我们把李渔当时的社会和文化的世界的组成部分与现代中国的乃至整个文明的现代化运动的目标和理想比较一下,李渔的思想就具有"现代化"的经验,李渔的造物思想就具有超前性。

一、李渔造物思想对传统造物思想的继承及其超越

在人类文明的发展的历史长河中,人造物是见证人类从蒙昧走向文明的载体,它以物化的形式隐含着人类最基本最原始的欲望。这种物化形式是人类文明的结晶,是人类思想的物化呈现,真实客观地标示了人类不同历史时期的民族文化特性。人造物循照着对美好生活的渴求致使人造物在功能、式样及其生产工艺的流程中不断地演化和发展,客观再现了我国古人由来已久的持续连绵的灿烂文明——传统造物思想。李渔造物思想的成就有很大一部分体现了对传统造物思想的继承。

李渔造物,明确把握了属于自己的艺术尺度:"制物但取其适用"、"宜自然不宜雕斫"、"贵精不贵丽"、"宜简不宜繁"、"因地制宜"、"造物贵在独造"的造物思想以及"不可太过,不可不及"、重修"文理"和服饰的"以人相称"、"以貌相宜"、"衣服好尚"等。李渔的作品也处处体现了"适用"至"宜"的造物思想。"宜"是古人造物的一把尺度,亦是我们当今设计的基本标准。"宜"体现的是以人为本体的关怀,服务于人的制物基本,也是人类审美最初的自然化境。从这个意义上来说,李渔的造物思想明显超越了传统造物思想,体现了现代造物设计的特点。

(一)尺度之"宜"——"与人""相称"

"堂高数仞,榱题数尺,壮则壮矣,然宜于夏而不宜于冬。登贵人之堂,令人不寒而栗,虽势使之然,亦寥廓有以致之。"[①]李渔对于达官贵人建造房舍的大尺寸观嗤之以鼻。堂高则显得人矮,地

---

① (清)李渔:《闲情偶寄》,上海古籍出版社2000年版,第180页。

宽则显得人瘦。"夫房舍与人，欲其相称。画山水者有诀云：'丈山尺树，寸马豆人。'使一丈之山，缀以二尺三尺之树；一寸之马，跨以似米似粟之人，称乎？不称乎？"①这里李渔提到了现代设计学中人机工程学的比例相称问题。《考工记》中最讲究的就是尺寸概念，"人为簋，实一觳，崇尺，厚半寸，唇寸"。"车人为车。柯长三尺，博三寸，厚一寸有半"。对于尺度精益求精。正所谓"尺度有则，绳墨无挠"。李渔造物的比例关系都是以"人"的尺度为参照目标来制定，不相称的比例关系非但"不称"，也不"宜"，颠倒了人与物的比例关系，是不和谐的，更谈不上美，这样的设计往往会遭人摒弃。

（二）功能之"宜"——"置物但取其适用"

适用为上，适之为宜。"人无贵贱，家无贫富，饮食器皿，皆所必需。'一人之身，百工之所为备。'子舆氏尝言之矣。"②李渔针对清初民间造物繁琐而又严重脱离适用之本的现象，尖锐地指出"凡人制物，务使人人可备，家家可用"③，造物的重要价值是"讯其适应与否"。故李渔提出"计万全而筹尽适"，和同时期的西方现代主义反对刻意雕琢、追求形式、内容空虚、语言浮夸的巴洛克风格不谋而合。李渔的"制物但取其适用"的造物观在居室、器玩部中得以重点体现。其在园林建造中，"径莫便于捷，而又莫妙于迂。凡有故作迂途，以取别致者，必另开耳门一扇，以便家人之奔走，急则开之，缓则闭之，斯雅俗俱利，而理致兼收矣"。李渔在《闲情偶寄》房舍第一《途径》中的这段描写，就是功能之"宜"造物思想的典型体现。在当代园林设计中，很多自以为是的园林设计师们总是把道路设计得曲曲折折，美是美了，却不为"人"适用。我们在现代城市绿地中总会发现这样的警示牌："小草萋萋，踏之何忍。"但整洁的草坪上，总会有人们新踏出的小路。曾有多人赞美

---

① （清）李渔：《闲情偶寄》，上海古籍出版社2000年版，第180页。
② （清）李渔：《闲情偶寄》，上海古籍出版社2000年版，第227页。
③ （清）李渔：《闲情偶寄》，上海古籍出版社2000年版，第227页。

第八章 结　论

西方某园林大师在设计园路时，先让人踏出道路再在此基础上修葺园路的做法，这恰恰是李渔思想中"适用"方为"宜"用思想的体现。在李渔的造园中，因地制宜、因山制宜、因水制宜、因时制宜、因材制宜的原则占有重要的位置，它几乎有形无形地贯穿和渗透于李渔的造园过程中，正如"收牛溲马渤入药笼，用之得宜，其价值反在参苓之上"。这里的"用之得宜"是造物的关键，只有"得宜"，方能创造出宜人的环境，方能创造出园林的美。再有《闲情偶寄》房舍第一《藏垢纳污》中写到的"官急不知私急"、"故营此最急"一段，如厕方便可"遗在内而流于外"，"无论阴晴寒暑，可以不出户庭"。类似我们当代住宅设计中一室一卫的"方便"格局，这是较早有文献记载的在卧室内解决"人之三急"的途径，可谓古代造物法则的一个创举。《闲情偶寄·窗栏第二》中写道："具首重者，止在一字之坚，坚而后论工拙。"阐述了制体宜坚的重要性，坚固方能安全，注重人的安危是器物功能的首要体现，才是至"宜"设计。他自己设计的暖椅、几案、椅杌、灯柱、茶具等堪称设计之典范。所有这些，都客观地反映了李渔造物思想中的功能之"宜"是造物的核心要义。

（三）经济之"宜"——"最忌奢靡"、"当从俭朴"

对于明朝晚期的奢侈之风，李渔持强烈的批判态度。李渔在《闲情偶寄》的序中就曾提到："'居室''器玩''饮馔''种植''颐养'诸部皆寓节俭于制度中，黜奢靡于绳墨之外。"这典型反映了出身低微而贫穷的江南文人，在有限的财力下，俭朴造物、追求怡情的心理。

"土木之事，最忌奢靡。匪特庶民之家当崇俭朴，即王公大人亦当以此为尚。"[1]李渔对于造物过程中所造成的浪费和奢侈尤不能忍，责之"舍富丽无所见长，只得以此塞责"[2]，事先缺少规划敷衍造物所致。"宝玉之器，磨砻不善，传于子孙之手，货之不值一

---

[1] （清）李渔：《闲情偶寄》，上海古籍出版社2000年版，第180页。
[2] （清）李渔：《闲情偶寄》，上海古籍出版社2000年版，第180页。

钱。"①再好的材料,再奢靡的器物,如果制物不善也一样会变得一文不值。"如瓮可为牖也,取瓷之碎裂者联之,使大小相错,则同一瓮也,而有歌窑冰裂之纹矣。""柴可为扉也,而有农户儒门之别矣。人谓变俗为雅,犹之点铁成金。"②再原始的材料,再简陋的材质经过精心设计,精心制物也一样能点铁成金,俗亦能雅。在李渔造园的过程中,他曾用枯枝、山石、青砖、碎瓦、藤蔓完成了许多优秀的作品。可见俭朴制物才是造物的美德,经济之"宜",方能为众人所受之。

奢靡之风,自古有之。当今设计界亦有人以奢靡之材用之为荣、以之为贵。然俭朴之风自古尚之。在当今资源日益匮乏的社会,经济之"宜"的策略为各业界所推崇。李渔忌靡当俭的造物原则于设计营造和谐社会亦具有现实指导意义。

(四)审美之"宜"——"贵精不贵丽","妙肖自然"

古之美学,道尚素朴、墨倡节俭、法贵简明、禅崇超然。明末的宫廷修饰热切追逐艳丽华美,民间也流行娇柔繁琐之风。李渔是浪漫儒雅的一介文人,他"物留兵燹后,身活战场边"③,故对于美的追求不至于如道释之散淡、墨法之功利、艺人之匠气、儒家之刻板,丰富的社会阅历使得他有着"帮闲文人"④的世俗情怀和艺术家的灵动脱俗。

李渔向来反感明末社会中娇柔繁琐的华丽之风。他游历广东,"见市廛所列之器,半属花梨、紫檀、制法之佳,可谓穷工极巧,止怪其镶铜裹锡,清浊不伦。无论四面包镶,锋棱埋没"。他批评市面上一个碗碟"花纹太繁,亦近鄙俗","陶人造孽之事,购而用之者,获罪于天地神明不浅。"他比喻道:"一筐也,攻治极精,抚

---

① (清)李渔:《闲情偶寄》,上海古籍出版社 2000 年版,第 227 页。
② (清)李渔:《闲情偶寄》,上海古籍出版社 2000 年版,第 227 页。
③ (清)李渔:《李笠翁一家言全集》卷五,浙江古籍出版社 1991 年版,第 215 页。
④ 摘自鲁迅的《集外集拾遗·帮忙文学与帮闲文学》,出版社不详。

之如玉，玉上可使生瑕乎？"他痛疾道"'惜字一千，延寿一纪'。此文昌垂训之词"啊，充分反映了他对社会追求"丽"的无奈。

对于房屋建造，李渔论道："土木之事，最忌奢靡。匪特庶民之家当崇俭朴，即王公大人亦当以此为尚。盖居室之制，贵精不贵丽，贵新奇大雅，不贵纤巧烂漫。"所谓"精""简"，即以少胜多力戒堆砌。李渔反对"丽""烂漫"，犹如文章之赘词絮语，无韵无趣。又说"因其材美，而取材以制用者未尽善也"，"粗用之物，制度果精"，很美的材料，因为制作不精致一样成为不美的；粗放的材料制作精美，也可以达到很好的效果。"精""简"之美，方能义趣无穷、含蓄不尽。可见李渔对于制物求"精"的崇拜与刻求。适用是造物的第一要义，"精""简"造物不仅仅符合审美的适"宜"，也节约了造物成本。可见李渔造物追求朴实简练，把形式必须服从功能、审美必须服从适用上升为一种自觉意识①。

人类对自然美的欣赏源于一种自觉。自然在中国古代有两层含义：其一是自然界，名词；其二则是自然而然、顺其自然，常用来做修饰性的状语。② 师法自然，妙肖自然，这是我国各种艺术门类，特别是绘画、雕塑、园林共同遵循的一条艺术规则③。谢赫"六法"之一就是"因物象形"。李渔谈造物，多次提出"贵自然"。自然而然，那就是符合自然的生存法则，才是美的。这里的自然都是第二层面的阐释。"宜自然不宜雕斫"、"全用自然，毫无造作"、"妙在自然，切忌造作"等，李渔用大量的篇幅阐述了对自然之美的创造和妙俏，强调"以形写神"。很明显，李渔强调的"妙肖自然"包含了两个方面：其一是在设计中对自然物的移植与表现；其二则是在设计中遵循自然运动与变化的规律，使对象的创生过程无迹可寻，自然天成。这既需要很高明的创意，也需要恰到好处的方

---

① 长白编著：《中国古代艺术论著集注与研究》，天津人民出版社2008年版，第464页。

② 朱立元主编：《天人合一·中华审美文化之魂》，上海文艺出版社1998年版，第123页。

③ 杜书瀛：《李渔美学思想》，中国社会科学出版社1981年版，第45页。

法和技巧。李渔的审美之"宜",堪称适意而完美。这与席勒①称美是"活的形象"的观点一脉相承②。

李渔个人的世界观、美学观,及对于艺术和美的追求,特别是对社会大众生活的关注,体现出一个有社会责任感的文人的卓尔不群及内心矛盾。他从自身的情趣、自身的审美观、自身的创作点出发,使得审美之"宜"理论有了性格和哲学层面上的意义。

(五)创作之"宜"——"造物贵在独造","妙在日新月异"

李渔在其居室园林的造物过程中,如暖椅、几案、椅杌、床榻、匾额、窗户、房间、山石、树木等方面有许多创造性的发明。他认为造物就是一个不断创新的过程。他对于当时社会上因袭旧制、因袭模仿的坏风气深恶痛绝,同时他对于器物制造也到了刻意求新的地步。

李渔之"性又不喜雷同,好为矫异",常常喜欢创新立意,又说造物好比写文章:"譬如治举业者,高则自出手眼,创为新异之篇;其极卑者,亦将读熟之文移头换尾。"③而他对于社会上兴造房屋的普遍模仿之风更是痛斥:"乃至兴造一事,则必肖人之堂以堂,窥人之户以立户,稍有不合,不以为得,而反以为耻。常见通侯贵戚,掷盈千累万之资以治园圃,必先谕大匠曰:亭则法某人之制,榭则遵谁氏之规,勿使稍异。""下之至不能换尾移头,学套腐为新之庸笔,尚嚣嚣以鸣得意,何其自处之卑哉!"④可见得当时的抄袭之风是何等的猛烈。盗袭窠臼,只是从前人或是他人的作品中寻找题材,不仅会抛弃来源于生活的丰富的素材和源泉,而且还会

---

① 约翰·克里斯托弗·弗里德里希·冯·席勒(Johann Christoph Friedrich von Schiller)(1759—1805年),通常被称为弗里德里希·席勒,德国18世纪著名诗人、哲学家、历史学家和剧作家,德国启蒙文学的代表人物之一。席勒是德国文学史上著名的"狂飙突进运动"的代表人物,也被公认为欧洲文学史上地位仅次于歌德的伟大作家。

② 朱光潜:《西方美学史》,人民美术出版社1964年版,第100页。

③ (清)李渔:《闲情偶寄》,上海古籍出版社2000年版,第180页。

④ (清)李渔:《闲情偶寄》,上海古籍出版社2000年版,第180页。

第八章 结　论

使人的思维停滞不前，对个人和社会造成极大的伤害。

"造物贵在独造"的理论，李渔推崇备至，他的造物从来不苟同于同时代的设计。他在器玩制造方面的创造发明数不胜数，"独造"的作品不断，他"尝取枯木数茎"，欲"伐而为薪"，"见其枝柯盘曲，有似古梅"，造出"梅窗"，"同人见之，无不叫绝"。其在园林建造中"取景在借"、戏曲中的崇尚"新奇"的思想为后人所膜拜。同时造物创新不仅能悦人，又能给自己带来另一种快乐："若有鬼物伺乎其中，乞灵于我，为开生面者。"可见李渔创新的信心和自负；在李渔别出心裁地创作完一个抽屉，抽屉"之出入皆直入矢……使适用美观均收其利"，工匠盛赞："从未见创法立规有如今日之奇巧者，请衍此法，以广其传。"①使得李渔大获创作之快感。他游船时创作的"船窗"，"风摇水动，亦刻刻异形"，遂"公之海内"，使"人人均有其乐"，而"人乐而我亦与焉，为愿足矣"，表现了李渔将创作之乐与他人分享的怡情思想。"不可太过，不可不及"，更是李渔在创作中追求造物精准适宜的典型写照。

李渔认为创新应该坚持从真实的生活出发，将自己的目光投向"日新月异"的生活上，去不断发掘，才能获得创作灵感。寒冬腊月文人伏案书画，奇寒，他造出暖椅，"只此一物，御尽奇寒，使五官四肢均受其利而弗觉"②，从而广受世人赞溢。将自己的设计同前代的作品比较，借于古人，再不断地创造出新的器物，亦是为妙。如他在古人房舍窗栏单一竖格造型的基础上，创新出"纵横格"、"欹斜格"、"屈曲体"。李渔讲究"能变古法为今制"、"腐草为萤"、"皆从成法中变出"，如此创造才能体现"日新月异"的设计奥妙。另外，李渔在创作的思想层面也提到了设计者的思想、素质和创新作品之间的关系：设计者要"务存忠厚之心"，要具备"文德"，要有"劝善惩恶"的社会责任。在此，李渔将创作之"宜"提高到了一个极高的社会层面，即我们现代设计者所谓的社会责任感。

李渔造物思想的实质，反映了他对于人的主体精神的重视。超

---

① （清）李渔：《闲情偶寄》，上海古籍出版社2000年版，第241页。
② （清）李渔：《闲情偶寄》，上海古籍出版社2000年版，第232页。

越了那种纯粹从自然中或者传统思想中取法的美的规范，而强调人的创作在审美中因素的作用。① 李渔本着"顺从物性"的自然观设计思想为主线，坚持顺应事物的自然发展规律和事物的本性，坚持将以人为本的客观标准作为他创作的本性与原则。李渔的造物思想完整地继承了中国古代传统的造物思想之精髓，但他的造物思想又比同时代的其他人要系统和完整，具有明显的现代性特征和未来性特点，所以我们说，李渔造物思想完成了对中国传统造物思想的超越。

二、李渔造物思想对他的时代的超越

明清朝代，经济上由于资本主义萌芽的发生，文化上还表现在涌现与正统思想相异的因素，出现了早期启蒙思潮、人文主义思潮、经世致用思潮三种倾向，它们合力塑造了明清社会人文思潮丰富深刻的情态，以前所未有的态势冲击着当时的中国封建制度。在当时，社会主流的设计造物思想受后两者影响较多。由于清代的手工工艺技术水平达到了高峰，在技术的引领下，奢华繁琐、格调粗俗，流于庸俗和匠气的作品充斥整个社会，从历史的高度来看，当时的设计造物思想基本没有什么大的建树。同时期的欧洲制造业则在工业革命和科技革命的带领下，工业设计和制造获得急促的发展。清朝的一些有识之士，呼吁"师夷长技以制夷"，但在当时的造物设计界，大多传统人士主张沿袭传统优势，以奇技淫巧腐蚀人心、真金白银流向国外加以反对，也有一些以"洋务运动"为代表的人士主张学习国外的先进技术。如果说欧洲文艺复兴是市民阶层的产物，那么明清社会思潮便是士人阶层和市民阶层互相交流融会的结果。这种社会思潮使得士人内部出现分化，而这种分化引发了士人造物思想的衍变。如果说计成、金圣叹、文震亨、朱舜水等代表了正统人士的造物思想，那么李渔、陈继儒等便代表了新型人士的造物思想，其中又以李渔的造物思想最具有代表性。

清代的造物的思想风格，有着与清代美学一致的政治文化背

---

① 杭间：《中国工艺美术史》，人民美术出版社2007年版，第56页。

第八章 结　论

景。由于大清统治者对于发达的汉文化的打压和禁锢，推崇孔子的道德文化和朱熹的"理"学文化。在造物设计领域，"智者创物"的造物思想被边缘化，转而推崇奇技淫巧的制造工艺的造物思想。可想而知，清代的装饰工艺水平获得了长足的发展，几乎超越了清代以前任何朝代的工艺水平。甚至当时的欧洲设计家和消费者也仰慕清代的装饰工艺，兴起一股"中国风"设计。并且对于欧洲17、18世纪的工艺美术产生了深远的影响，以至于在欧洲当时的绘画作品中也依稀可见。然而，清代的造物设计思想却几乎停滞，原创性的造物设计作品极少见到。在西方文明飞速发展并达到一定的高度之际，我们的装饰设计却仅仅停留在对原器物外观的过度粉饰和雕琢之中，这种通过装饰表面的繁华来掩盖创新之物的匮乏，使得当初的造物设计的发展停留在纯粹的表面化、感官化的肤浅的表层。就设计本身的发展规律而言，发展的停滞就意味着倒退。自此，清代以后数百年的受西方国家欺辱的历史和当时的整个社会的造物思想的停滞也不无联系。

　　清代李渔的造物思想是当时新型人士思想的代表，其造物思想要比同时代的其他人士系统和完整①。清光绪《兰溪县志》卷五《文学门·李渔传》对李渔造物才能和在当时的影响作了如此介绍："李渔……著有才子称……性极巧，凡窗牖、床榻、服饰、器具、饮食诸制度，悉出新意，人见之莫不喜悦，故倾动一时，所交多名流才望，即妇孺亦皆知有李笠翁。"②李渔的造物思想以《闲情偶寄》为他一生艺术与造物经验的总结。"食者，性也。不知子都之娇也，无目也。古之大贤择言而发，其所以不拂人情，而数为是论者，以性所原有，不能强之使无耳。"③李渔所吐露的这种思想立意令人振奋而又耳目一新。《闲情偶寄》中园林居室、家具陈设、服饰化妆、器物鉴宝等的描写见解独到，创意新颖。他自有的独特的

----

①　邵琦、李良瑾等编著：《中国古代设计思想史略》，上海书店出版社2009年版，第150页。

②　俞为民：《李渔评传》，南京大学出版社1998年版，第2页。

③　（清）李渔：《闲情偶寄》，上海古籍出版社2000年版，第130页。

生活经历，使得他关注百姓的生活并身体力行的参与设计和建造。凭着自己的个性和主张，李渔的造物观总是体现在对事物的不断完善和改造的过程中的方法和体验上。李渔造物思想在许多方面完成了对他的那个时代社会上主流思想的超越。

(一) 注重创新

"性又不喜雷同，好为矫异"①，"予往往自制窗栏之格，口授工匠使为之，以为极新极异矣，而偶至一处，见其已设者，先得我心之同然，因自笑为辽东白豕。独房舍之制不然，求为同心甚少"②。在建造房舍时，他针对当时建筑界的仿造之风和仿古之风深恶痛疾，李渔说："谓其立户开窗，安廊置阁，事事皆仿名园，纤毫不谬。噫，陋矣！以构造园亭之胜事，上之不能自出手眼，如标新创异之文人；下之至不能换尾移头，学套腐为新之庸笔，尚嚣嚣以鸣得意，何其自处之卑哉！"③李渔的标新立异也不是没有节制的，他提出的"新奇大雅"观点，既突出了功能也融合了艺术的美感特点。同时，他也指出"凡予所为者，不徒取异标新，要皆有所取义"④。徒有其表而不堪大用的设计也是被李渔所唾弃的。这种求新立异但不落窠臼，因地制宜但实用唯美的造物思想，是对文与质、道和器的哲学关系的崭新阐释。他超越了他所处的时代那种纯粹从传统思想取法的美的规范。即使对于现代的设计也有重要的借鉴意义。

(二) 讲究简洁与价廉

在《闲情偶寄》的序中，李渔就提到"诸部皆寓节俭于制度中，黔奢靡于绳墨之外"，他在追新求异的同时，又极精于节省之法，壁内藏灯法算计膏油如同主妇，少有文人雅士之清逸。"见市廛所

---

① (清)李渔：《闲情偶寄》，上海古籍出版社 2000 年版，第 180 页。
② (清)李渔：《闲情偶寄》，上海古籍出版社 2000 年版，第 189 页。
③ (清)李渔：《闲情偶寄》，上海古籍出版社 2000 年版，第 180 页。
④ (清)李渔：《闲情偶寄》，上海古籍出版社 2000 年版，第 211 页。

列之器，半属花梨、紫檀、制法之佳，可谓穷工极巧"。他见市上一个碗碟"花纹太繁，亦近鄙俗"，"陶人造孽之事，购而用之者，获罪于天地神明不浅。""土木之事，最忌奢靡。匪特庶民之家当崇俭朴，即王公大人亦当以此为尚。""盖居室之制，贵精不贵丽……凡人止好富丽者，非好富丽，因其不能创异标新，舍富丽无所见长"。① 可见李渔对当时造物活动中对器物表面上流行的繁琐堆砌、过分装饰的奢靡之风是持反对态度的，认为那只是一种鄙俗低下的器物。即使是在房屋建筑中也要简朴，反对过分奢靡华丽的精雕细琢。众所周知，徽派建筑中的横梁窗格上的雕龙画凤是明清建筑的典型代表，在我们现在看来，可能是一种唯美的艺术，但是在当时社会环境中，举国上下流行的这种重装饰之风，轻创意之举的社会风气，只不过是用一种感官的触角来彰显身份地位，是一种视觉的刺激，而不具有精神的审美。这是一种视觉的盛宴，但却是造物设计的一种倒退。在李渔的造物思想中有一种可贵的历史发展的观点。在《笠翁余集·自序》中，他一开始就指出："今日之世界，非十年前之世界，十年前之世界，又非二十年前之世界，如三月之花，九秋之蟹，今美于昨，明日复盛于今矣。"②自此他的造物计划就非常注重创新，并敢于自我作祖，敢于打破传统。对于"前人已传之书"，他采取分析的态度，要"取长补短，别出瑕瑜，使人不知所从违而不为诵读所误"。"取瑜掷瑕"——这就是他的"法古"（继承遗产）的原则。从这个意义上来说，李渔的简朴时尚观念对当时无病呻吟的社会风气来说是一种绝对的超越。

（三）适用至上

清初时期，社会经济开始复苏，李渔的思想同当时代的黄宗羲、顾炎武、王夫之主张的"提倡实学"、"经世致用"一脉相承。"凡人制物，务使人人可备，家家可用，始为布帛菽粟之才，不则

---

① （清）李渔：《闲情偶寄》，上海古籍出版社2000年版，第180页。
② 杜书瀛：《李渔美学思想研究》，中国社会科学出版社1998年版，第37页。

售冕旒而沽玉食,难乎其为购者矣"①。他又说:"置物但取其适用,何必幽渺其说,必至理穷义尽而后止哉!"②李渔在园林建造、家具制造和陈设的经验和创造方面,有着自己鲜明的思想特点。"盖居室之制,贵精不贵丽,贵新奇大雅,不贵纤巧烂漫。"③谓之"精""简",反对艳丽的装饰,主张"新奇",反对不实用的"纤巧"。又说"粗用之物,制度果精",指出制作的精良才是置物的根本。从造物方法的根本上改变了重道轻器的社会现象。正如雅士文震亨之流曰"俗"、"不可用"之时,他们强调的是器物是否体现其品位、显现其身份。他们主张一心"复古",鄙视技艺,主张"尊孔读经",鄙视生计实务,力图使自己超脱商业文化的氛围,凌驾于清雅;幽人如陈继儒之流标榜清逸,强调情境,漠视物境,对"技"与"物"采取近似释、道之观点时,他们同样鄙视技艺,更将自己置于"无物"之境。这两种雅士幽人的造物思想就审美而言,统一尚古、僵化物境;就其造物观来说,偏向了实用主义(功能主义)的设计观,与民族设计思想的长远发展背道而驰。李渔提出的造物须"凡人制物,务使人人可备,家家可用"④、"制体宜坚"、"讯其适应与否"的功能实用至上的造物思想比西方现代主义的"功能主义"⑤造物理论的提出早了近三个多世纪。他的"帐使有骨"、"帐宜加锁"、"床要着裙"等诸多"利于身"的设计原则体现在现代的设计中,还具有人体工

---

① (清)李渔:《闲情偶寄》,上海古籍出版社 2000 年版,第 228 页。
② (清)李渔:《闲情偶寄》,上海古籍出版社 2000 年版,第 247 页。
③ (清)李渔:《闲情偶寄》,上海古籍出版社 2000 年版,第 181 页。
④ (清)李渔:《闲情偶寄》,上海古籍出版社 2000 年版,第 181 页。
⑤ 功能主义((Functionalism):20 世纪 20 年代,现代设计领域的一个重要派别——现代主义设计最终形成。现代主义是主张设计要适应现代大工业生产和生活需要,以讲求设计功能、技术和经济效益为特征的学派。其最为重要的理念便是功能主义。功能主义就是要在设计中注重产品的功能性与实用性,即任何设计都必须首先保障产品功能及其用途的充分体现,其次才是产品的审美感觉。简而言之,功能主义就是功能至上。由于功能主义是建立在大机器生产的基础上的,因此工业革命必然地成为功能主义的前提。19 世纪时蒸汽机的出现给人类带来了现代文明的大工业革命,这便是功能主义出现的最基础的物质前提。

程学上的价值。虽然就造物思想来说，这些并非李渔之独见，如黄宗羲、顾炎武、王夫之等人提出了以唯物主义取代唯心主义的工艺美学思想，也对当时的造物观起到了重要的支撑作用，但体现这些思想的造物行为却将李渔与其他士人区别出来，我们在李渔的造物思想中甚至可以依稀见到近代工业设计思想的雏形。

（四）"贵自然"

这是李渔造物思想的最核心的观点之一。前文已提到过关于李渔造物思想中的对于"自然"的两种阐释。其一，李渔造物最讲究的就是"自然而然"。词曲音律要"臻自然"，方能使观者"赏心悦目"；戏曲编剧要"自然而然，水到渠成"，方能使观者"犹觉声音在耳、情形在目者"；制服要"自然合宜"，修容"全用自然，毫无造作"。在我国古代审美的文化体系中，自然和人工是一对极为重要的审美范畴，它与意象、形神、有无、虚实、大小关系是密切的，它是"天人合一"美学思想的本原和渊源。① 李渔将戏曲文化与点滴生活中的自然美的运用如此的重视和渲染，客观上反映了一个文人对于一个民族、一个社会文明程度和精神面貌的展现所倾注的关心和热情。其二，李渔造物讲究取材自然。"以柴为扉，以瓮作牖……纯用自然，不加区画。"材美方能悦众。李渔曾以盘曲之残枝作梅窗，以为是"生平制作之最佳"。"尝取枯木数茎，置作天然之牖，名曰'梅窗'……顺其本来，不加斧凿……分红梅、绿萼二种，缀于疏枝细梗之上，俨然活梅之初着花者。"②李渔曾置物如几案、椅杌、床帐、橱柜、箱笼篋笥、茶具等生活家居用品，莫不如此。另一方面，李渔在造物思想中最为得意的"取景在借"观念的提出堪称当时建筑园林创作的妙笔之作，人和自然之间，你中有我，我中有你，方为最高之境界。他使人与自然和谐相处，将人与自然融为一体，完美体现了我国传统审美文化体系中"天人合一"

---

① 朱立元主编：《天人合一——中华审美文化之魂》，上海文艺出版社1998年版，第630页。

② （清）李渔：《闲情偶寄》，上海古籍出版社2000年版，第193页。

的最高境界。"予生也贱，又罹奇穷"，李渔对那些耗资不菲的古董珍玩不以为然，更珍爱山水花鸟等自然之物，更愿意置身于山水林荫之中。李渔造物思想中体现的人和"自然界"和谐相处才是他造物思想的真谛。

最后，李渔的造物思想蕴含"生活艺术化和艺术生活化"观念。李渔一生身兼数职，既是作家、学者、历史学家、植物学家、文学评论家、出版商、建筑学家和发明家，又知识广博，精通卫生、烹饪、饮食、娱乐、园林、室内装潢、商业管理、戏曲和绘画。他把生活中的点点滴滴当做艺术，这就是李渔的特色①。相比较明清时期的其他刚烈派文人，李渔没有其远大的目标和宏伟的报国志向。专注于生活中的闲小杂事，致力于艺术生活化的研究，这也恰恰是李渔理想中主张务实的特色。

在李渔的仪容美学思想中，他特别看重于内在的"态度"，认为美女之"感人"、"移人"之美，主要不在外在的"颜色"，而在于内在的"态度"。他说，"态之为物，不特能使美者愈美，艳者愈艳，且能使老者少而媸者妍，无情之事变为有情，使人暗受笼络而不觉者。"②李渔说的"态度"就是指人内在的气质、风度、神韵和文化的修养，它"似物而非物，无形似有形"，它给人以"犹火之有焰，烛之有光，金银之宝色"，是一种意会和感受。这种"态度"像光一样照亮了人的外貌，仪容美由此产生。德国美学家黑格尔曾说"不但是人的体形、面容、姿态和姿势，就是行动和事迹，语言和声音以及它们在不同生活中的千变万化，全都要由艺术化成眼睛，人们从这眼睛里就可以认识到内在的、无限的、自由的心灵。"③于是，凝结了内在心灵美和外在形态美的仪容美在李渔的造物思想诞生了。李渔就这样将生活中的仪容、仪态、化妆、服饰等点滴生活

---

① ［美］张春树、骆雪伦：《明清时代之社会经济巨变与新文化——李渔时代的社会与文化及其"现代性"》，王湘云译，上海古籍出版社2008年版，第3页。

② （清）李渔：《闲情偶寄》，上海古籍出版社2000年版，第137页。

③ ［德］黑格尔：《美学》第一卷，朱光潜译，商务印书馆1996年版，第193页。

第八章 结　　论

琐事上升到了艺术的高度。

　　李渔的造物艺术无处不在，他可以把生活中的大到房屋建造，小到茶具碗碟的摆放都当做艺术来设置，从审美的高度和艺术化的角度来打造生活。李渔的造物实践来自于他的生活体验，从《闲情偶寄》的各项造物活动可见一斑。所以，他将艺术的审美也带到了生活中的点点滴滴。在此以李渔的造园为例，来分析他艺术生活化的理念。

　　造园是我国有着悠久的历史传统的艺术创造活动，造园通过奇山美石、清池楼阁、奇花异木、珍禽怪兽，通过组织空间、布置空间、创造空间，变现实空间为特殊的、艺术的空间，变非审美的空间为艺术审美的特定空间。李渔选择了日常生活中最常见的窗栏作为创作发挥的题材，他认为，窗栏本身就是园林美的重要组成因素，更重要的是窗栏在园林造景中可以作为特殊的"审美转换器"而发挥不可替代的作用。如此轻易可见随处取材却又重要的美的玄机却在人们的日常生活中往往被忽视(在西方园林中也不讲究窗栏借景的运用)。李渔造窗时提出"窗棂以明透为先，栏杆以玲珑为主"，这强调了窗棂的美学设计。同时对窗棂、窗格、栏杆的设计和制作加以详尽阐释："是格也，根数不多，而眼亦未尝不密，是所谓头头有笋，眼眼着撒者，雅莫雅于此"，"棂不取直，而作欹斜之势，又使上宽下窄者，欲肖扇面之折纹"、"花树粗细不一，其势莫妙于参差，棂则极匀，而又贵乎极细。"①李渔还讲究装饰美和图案美，他不仅为窗格设计了花卉式便面窗和虫鸟式便面窗，还通过着色，使之"俨然活树生花"。此外，他还"取老干作外廓"做出"屈曲不平"、"古朴可爱"、"天巧人工"的佳作梅窗。李渔造窗过程中最大的贡献在于他提出了"取景在借"的造物理论思想。"此窗不但娱己，兼可娱人。不特以舟外无穷之景色摄入舟中，兼可以舟中所有之人物，并一切几席杯盘射出窗外，以备来往游人之玩赏。何也？以内视外，固是一幅理面山水；而以外视内，亦是一幅扇头人物。譬如拉妓邀僧，呼朋聚友，与之弹棋观画，分韵拈毫，

---

① （清)李渔：《闲情偶寄》，上海古籍出版社2000年版，第190页。

第二节 李渔造物思想的超前性

或饮或歌,任眠任起,自外观之,无一不同绘事。"① "开窗莫妙于借景",园林建筑中的窗子不仅是园林美的组成部分,更重要的是其作为"取景在借"的载体发挥作用。即窗子一方面作为园林建筑中的审美主体,本身处于特定的审美情境之中;另一方面又为大自然中漫无边际的客体划出了特定的审美范围,成为被窗子所限定的相对完美和孤立的对象,被隔离、被强调出来,从而成为可以进行审美观照的对象。这种被间隔的审美对象可以随着人审视的角度不同,而千变万化、丰富多彩、运动地存在。"两岸之湖光山色、寺观浮屠、云烟竹树,以及往来之樵人牧竖、醉翁游女,连人带马尽入便面之中,作我天然图画。且又时时变幻,不为一定之形。非特舟行之际,摇一橹,变一像,撑一篙,换一景,即系缆时,风摇水动,亦刻刻异形。是一日之内,现出百千万幅佳山佳水,总以便面收之。"②李渔的这种应时、应地借景,时刻异形的动态美给人一种无穷无尽的美感享受。李渔对窗栏在园林建筑中的审美意义这种精彩地阐释,对中国的园林美学也是一个重要贡献。更重要的是,李渔把对主体对象的造园活动中体现的表现形式和审美形式,恰如其分、有意无意地融入人们的日常生活之中,拉近了作为崇高的、艺术的、美学的造物活动和普通老百姓的心理和行为的距离,也就是艺术生活化、百姓化。这一点对于我们当代设计师的思想和工作也有着极为重要的启迪作用。

李渔的《闲情偶寄》几乎囊括了他的全部的造物思想之精髓。近代的胡梦华、朱东润、曹百川等人或将《闲情偶寄》同亚里士多德《诗学》相提并论③;或认为他"启导后学,度人金针"④;或认为"笠翁之论……著作戏剧之乐趣,言之至切"⑤;如果称之为一

---

① (清)李渔:《闲情偶寄》,上海古籍出版社2000年版,第194页。
② (清)李渔:《闲情偶寄》,上海古籍出版社2000年版,第194页。
③ 胡梦华:《文学批评家李笠翁》,载《小说月刊》1927年6月,第17卷号外。
④ 曹百川:《昆曲家李笠翁》,载金华中学校刊《学蠡》,1933年。
⑤ 朱东润:《李渔戏剧论综述》,武汉大学《文哲季刊》1934年12月,第3卷第4号。

第八章　结　论

块里程碑，在一定意义上，也不算过誉①。周作人在评论李渔的造物美学思想时说，李渔的独到之处便在于阐释了人生日用对于人的生活和生存境况的意义。"纤悉讲人生日用处"可以用来写照李渔一直以来通过实践和自身的切身经历来总结造物思想的宗旨。作为受过儒家传统教育的李渔，倾注如此大的热情和精力来专注于居室布局、家具陈设、服饰秀荣的生活细节之美的研究，与同时代的大夫文人思想家宏伟远大的报国思想来比较，却有不同。但李渔的思想却具有贴近国计民生的生活浪漫主义色彩。从我们当代人的观念来看具有一定的时代意义。

明末清初，随着社会生产力和商品经济的发展，资本主义思想开始萌芽，人们的价值观发生了很大的变化，正统价值观念受到冲击。在这样的社会思想空间下，李渔形成了具有近代色彩的生存意识，同时又深受当时自我觉醒的人本哲学的影响。李渔除了建筑、园林、家具制造和室内陈设方面的成就，他在商业方面还有着现代社会方式的经营之举：他自编自导戏曲歌剧，身兼作家、导演和舞美、服装设计及化妆师；他经营着自己的书刊印务及出版公司，在防盗版方面还卓有成效；另外他在膳食、园林植物种植等各方面的表现也颇令人称道。纵观李渔的造物思想成就，他在戏曲创作中的"写人情物理"的主张和我们今天要求的戏曲真实的现实主义原则基本一致；他在造物创作过程中称赞的"新""奇"理论，我们在当代的设计创作仍在传承；他的实用至上的造物准则，我们当今的设计界仍在为"功能"和"形式"的孰轻孰重争论不休；他的造物自然观，是我们当代人设计制造的奋斗目标；特别是他将生活艺术化和艺术生活化的核心观念，让他的造物思想提升到了一个新的高度。所以，从某种意义上来说，李渔的造物思想超越了他本身所处的时代。

---

① 杜书瀛：《李渔美学思想研究》，中国社会科学出版社1998年版，第3页。

第三节　李渔造物思想对当今生活与设计的启示

艺术与生活的关系一直是艺术界讨论的焦点之一，艺术设计与生活的完美结合是我们当代接触的一个新的课题，也是美学家们和艺术家们共同追求的一个现实目的。当代的艺术家和设计家在注重现代艺术设计理论思辨的同时，往往会忽视艺术与现实生活或者是设计和现实生活的联系，这样的设计价值就失去自己的内在活力，这种脱离人的心路历程和感性生活实际的设计，也往往会因为理论框架的狭窄，使设计的价值内容变得空洞和不切实际。也有部分艺术家和设计家试图以日常生活审美化的主张来尝试解决设计与生活的关系，但又往往缺少现实实践的环节。所以，所谓艺术设计的价值和意义，脱离了人们的生活实践，无疑就变成了一种虚幻繁荣的表象和理想的乌托邦。李渔的造物思想及其理念给予了我们较为清晰的解释：艺术与审美永远要与人们的生活关系紧密相关。设计艺术与生活互为依存，在把生活作为审美主体与设计的情感寄托的前提下，再提倡设计艺术和审美化的生活方式，才是人们理想中的生存方式，才是生活的艺术。

一、当今社会艺术与生活的现实呈现

当代社会，随着"全球化"趋势越来越明显的扩大，生活在地球上的各个国家、各个民族、不同皮肤的人们，在"市场化"的催促中，社会生活、艺术活动、文学审美、设计文化等活动也自愿地或被迫地承受着"全球化"、"市场化"的渗透。随着市场经济的发展和信息化程度的不断提高，特别是大众传媒和电子技术的广泛应用，艺术逐渐突破以往狭隘的"为艺术而艺术"的活动空间，和人们的日常生活越来越紧密。"艺术改变了先前那种从某一种实体性的定点出发去确证美是否存在的抽象思辨，转而以自己特有的方式关注当代人的生存状况、追问生命的价值、探索生活的意义，以期在对当代人的生存活动的解读中强化美学介入现实的力量和提升人

第八章 结　论

的精神境界的功能。"①艺术更普遍地走向了人们的日常生活之中，法国服装大师阿玛尼的作品在市场上随处可见，意大利著名雕塑家米开朗基罗的大卫雕像可以免费参观，凡·高与毕加索的油画打开电脑也能尽情地欣赏等，当代的艺术家们也将自己的作品和当前人们的生活紧密联系起来。我国著名的青年油画家曾梵志的《天空》、《协和医院三联画》、《面具》等代表作，都以普通民众熟悉的题材创作了当代最著名的民众看得懂的作品，意大利著名家具室内设计大师马特奥涅阿缇(Matteo Nunziati)的陶瓷、家具、灯饰作品也进入了寻常百姓之家。艺术全面走向了大众，就连日常生活之中衣食住行都被打上了艺术审美的烙印。但当代艺术呈现的却是一片消费与视觉文化景象的后媚俗倾向，在一定程度上消解了精英美学的意义。特别在今天物欲横溢的社会中，在一片喧哗与消费中，人们对艺术的非理性消费扩张不可避免地带来艺术美学的危机。

同时，由于现代社会的批量生产和仿制技术的发达，艺术不得不疯狂地追求消费。在某一种程度上，艺术的发展也是在迎合时代的需要——在一个市场经济的快速发展、思想观念的激烈碰撞、文化交流的多元互动、电子信息的高速传播的时代，艺术与审美也转向了关注人自身、追问生命的价值、探索生活的意义，进一步透析人的生存和精神状态。思辨式的艺术美学状态已失去了本身的存在走向了日常生活审美化。艺术和审美观念进入了一个被广泛扩张和泛化的过程，形成了一个日常生活的艺术审美态势和意识形态化。我们必须正确审视当代社会艺术与生活结合带来的忧虑与危机。

(一) 艺术价值转为人本需要

随着市场经济的迅猛发展、社会物质财富的日趋丰富以及社会文明程度的不断进步，整个社会的价值取向也发生了极大的变化。由于商业利益的驱动和人本价值观中自我主义意识的上升，艺术价值的取向调整为以人本需求为目标。商业与消费推动了整个社会范

---

① 王德胜:《文化的嬉戏与承诺》，河南人民出版社1998年版，第56页。

围内生活品质的提高，生活逐渐演化成为一种享受，审美变得举足轻重，生活艺术化与艺术生活化的交融延伸出一种自在的休闲生活方式，成为自在生命的自由体验。从这一时代特征出发，我们有必要站在现代生活及美学新转向的角度。人们个性解放的情绪日益高涨，以自我主义为中心的形而上学观的逐渐抬头，促成了"设计以人为本"、"艺术以人为中心"等表达个人的声音此起彼伏。特别是在当代，艺术与生活之间界限的被逐渐淡化，艺术创作不再被当做天才的创造，而被认为是一种"参与的过程"。美国著名的马克思主义文学批评理论家弗雷德里克·詹明信教授曾说："在后现代的世界里，似乎有这种情况：成千上万的主体性突然都说起话来，他们都要求平等。在这样的世界里，个体艺术家的个体创作就不再那么重要了。艺术成为众人参与的过程，不只是一个毕加索。"①其实这种误解在于把艺术完全视同生活，也不符合事实。以往的那些所谓高雅艺术（剧场艺术、音乐厅艺术、博物馆艺术、美术馆艺术……）和艺术家作家的创作，并没有消失，恐怕也不会消失。人是最丰富的，人的需要（包括人的审美需要、审美趣味、艺术爱好）也是最丰富、最多样的②。因为艺术与生活的贴近，给予个人艺术审美更大的空间，每个人都享有审美的权利。"我觉得这就是美的"、"我需要"的个体诉求的声音在现实生活中逐渐有扩大的趋势。个体的作用和意识显得很重要，个体有权利要求突出人本的需要，甚至通过市场和传媒载体的压力来传达这种信息。当代的现实社会中对艺术价值的这种人本需要的表现，显示出审美需求的多样化，为了迈向更广阔的个体满足，给众人参与艺术审美与日常活动提供了更为广泛的可能。

（二）大众艺术与精英艺术的对立

精英艺术自从有了人类文明开始就作为现实的存在，这个我们

---

① 王德胜：《扩张与危机——当代审美文化理论及其与批评话题》，中国社会科学出版社1996年版，第89页。

② 杜书瀛：《文艺美学——现状与未来》，载论文网（http：//www.lunwennet.com），2007年11月。

第八章 结　　论

就不必讨论了。"一个男孩把石头抛在河水里，以惊喜的神色去看水中所见的圆圈，觉得这是一件作品，在这作品中他看出自己活动的结果。"黑格尔用这段描述表现了大种艺术的生活性。随着市场经济的发展和科技的发达，高度文明的社会让艺术和审美更加紧密地贴近了人们的生活空间：街头秧歌、公园舞会、园林小品、街头雕塑、电脑游戏、流行歌曲、网络广告、人体彩绘、卡拉 OK……人们早已接受了这种源于生活之中的大众艺术①。普通人自觉不自觉地在这种大众的艺术中得到美的享受和内心的快乐，潜移默化中完成了审美和艺术魅力的感知。所有这些现象都使人难以把艺术与生活决然分开，也很难把生活与艺术决然分开。生活中新现象新变化，对传统美学的"审美无利害"、纯文学纯艺术、艺术创作天才论、艺术个性化等观念，进行了猛烈冲击。它们是审美，也是生活；是生活，也是艺术；是"制作"，也是"创作"；是"创作"，也是"欣赏"……它们已经远远超越以往神圣的纯洁的"艺术殿堂"。这时候，艺术精英跳出来呐喊了：艺术与生活合流了、模糊了（艺术即生活、生活即艺术），艺术是不是真的"熔化"了、消失得无影无踪了、不存在了，艺术是不是就此终结或消亡？从而，黑格尔的"艺术终结"断言成为现实了？② 大众艺术和精英的对立被提到了生活的桌面上进行讨论。

在我们不停地争论艺术是应该从属于大众艺术，还是应该只是相对精英艺术或者高雅艺术而言的时候，我们的社会已经给出相应的答案。艺术走进生活，特别在审美方面，日常生活的审美化已经变得常态化，已是不争的事实。艺术活动的场所也远远移出与大众生活严重隔离的高雅艺术场馆。世界上最著名的意大利男高音艺术家帕瓦罗蒂来到中国，没有选择在庄重威严的国家大剧院表演，而

---

① 编者注：大众艺术（Mass Artistic、Popular Art、Mass Art），开始是由托尔斯泰、罗曼·罗兰等提出大众艺术的主张，要求将艺术从少数有闲阶级手中解放出来，交给最大多数的民众，为广大的民众而服务。现代艺术派别中"波普艺术"也称为大众艺术。我国也称其为草根艺术。

② 杜书瀛：《文艺美学——现状与未来》，载论文网（http://www.lunwennet.com），2007 年 11 月。

选择了在能容纳几万人的鸟巢体育馆演唱,他深深陶醉在万人涌呼的赞美之中。高雅艺术、纯粹艺术那些高高在上的精英艺术打破了严格界限的社会空间与生活场所,正深入到大众的日常生活空间,如城市广场、街心花园、购物中心、超级市场……正如英国教育家斯宾塞所论述的那样:"对于艺术和自然的审美观念必将进而填充人们心灵的广大空隙",被广大的普通百姓所接纳,模糊了精英艺术和大众艺术的界限。弗雷德里克·詹明信教授说:"在20世纪60年代,即后现代的开端,发生了这样一种情况:文化扩张了,其中美学冲破了艺术品的窄狭框架,艺术的对象(即构成艺术的内容)消失在世界里了。有一个革命性的思想是这样的:"世界变得审美化了,从某种意义上说,生活本身变成艺术品了,艺术也许就消失了。这看上去是黑格尔的思想,因为黑格尔说,艺术被哲学取代了。但从事这方面研究的人们说,黑格尔并不是说艺术的对象没有了,因为生活需要更多装饰。"①这段话阐述了生活与审美、生活与艺术的新变化和新动向,说明精英艺术融合在大众生艺术里了,精英艺术融合在大众生活里了,这并不是表明精英艺术会消失或消亡,而只是表明精英艺术转换了自己的存在形式。大众艺术还是大众艺术,精英艺术还是艺术。审美趣味永远千差万别,艺术个性永远千种百样,才能更利于艺术的发展。

另外,当今的时代造就了大众艺术的强势,也伴随着精英艺术有着被同化的危险,艺术活动越来越泛化,越来越趋向大众的浮华。生活化的艺术产品是时代的产物,是大众传媒技术发展的产物,大众不过是机械复制时代的"蒙蔽者",抑或拥有反抗,也并没有具有高度的艺术意识与思想警觉。普通民众高声呼吁着生活艺术化的快感,而学者们依旧表达着谨慎的乐观,真实的生活距离、真正的生活艺术化还有许多的路要走,社会上的许多艺术活动只不过是"顶着大众艺术的名义,干着精英艺术的勾当",距离所谓的大众审美相去甚远。

---

① 摘自美国学者弗雷德里克·詹明信与中国学者在北京《读书》杂志进行座谈时的谈话稿。

(三) 艺术的快餐化现象

现代社会市场经济空前增长、现代高科技的日新月异，在改变着传统文明的同时，也让快餐文化得到快速的延伸，因特网和通信工具的千变万化以及诸如飞机、高铁等交通工具的飞速发达，人们的生活节奏和工作节奏大大加快。铺天盖地而来的快餐文化，被讲究速度和效率但节约时间的青年一代迅速接受，既而得到普通民众的极大认可。来势凶猛的快餐式消费文化正在影响着我们社会的各个领域，艺术的快餐化现象也没有幸免。

现代社会的高速发展程度，若先人尚在，定会目瞪口呆、望尘莫及，日新月异的社会也快速地改变着人们的生活观念。人们敢想敢做，年轻人早就厌倦了已经定型的条条框框，他们的远光转向了自我的个人和本我之中。经济的发达和生活的轻松，使得他们对人生意义的寻找集中到对于自由的追求上，他们或许认知艺术也或许不知道什么是艺术，但他们只认可与他们对于艺术的追求，日趋摆脱父母一代的艺术价值观。当今的艺术经过一个复杂而又多元化的发展之后，被快餐文化感染的艺术文化也开始变得频繁地变换演绎，日常生活之中的人们对艺术的宽容度日益扩大。对陌生事物的容纳度和接受程度空前提高，这种多元的容忍度为现代艺术的快餐化提供了土壤。当代艺术作为社会文化的一部分，必然受到经济基础的制约，所以我们说，艺术的快餐化现象是当今时代的产物。

市场经济和大众快餐文化的繁荣，左右着人们的审美方向。网络游戏、动漫故事、疯狂赛车、超级女声、书籍杂志、流行音乐、电影电视等，贴近着我们的日常生活，占据了我们大部分的时间和空间。幽幽的灯光下细细地品味长篇巨著《飘》或者花上一整晚的时间欣赏歌舞剧等严肃艺术的场面，距离我们生活的社会渐行渐远。另外，作为艺术分支的设计活动在市场资本的介入下，必然会强化并使"时尚"成为符号价值来实现资本的盈利，时尚是社会组织结构的一种方式，它是分化社会阶层的一种载体，通过对共同时尚的模仿，来提高产品的附加价值。美国苹果公司凭借 iPhone 手机赢得巨额利润，便是时尚作用的极致发挥。艺术的快餐化将消费的对象、消费品位和消费者的追求目标有机地联系在一起,呈现着他们的表达。当代的艺术家的创作也搁置了那种胸怀祖国、放眼世界的英雄救世思想,而将个人的生活和大众文化以及图形图像作为重要的艺术资源表达。他们的作品倾向于闲暇与享受的表达,更具有一种世俗生活的体验认同和投入。

当下的美术界和艺术界在艺术创作上积极的推行功利性,推行市场化的创作规则,揭"时尚"而起,瓜分题材,争名夺利,艺术创作已然成为了市场行为的一个子因子。艺术生产与时尚化成为艺术市场的谋求资本利润的一个重要策略,通过不断地推出新人、新作、新风格、新样式加速资本的循环,提高资本利润。在这种策略下,艺术创作自然会形成多元化的景观现象,许多艺术家推行市场法则极端化。① 马克思说:"人们奋斗所争取的一切,都与他们的利益有关。"②唯物论者并不否定人们的原始欲望,因为它是客观因素必然会引发出来的推动社会前进的力量。艺术的快餐化是艺术市场现代化的一种产物,从市场规律的发展来看,艺术的快餐化解决了目前社会不同层次的艺术需求与不同层次的艺术消费之间的供求矛盾,是有益的。我们也要面对当代一些"潮流艺术、市场艺术、前卫艺术、行为艺术"等功利艺术、盲目艺术的侵蚀。辩证地对待当今生活中的艺术的快餐化现象,也是我们必须面对的课题。

(四)消费时代的艺术消费现状

全球化时代的到来,除了引起全球经济一体化、科技标准化、媒体传播普遍化的现象出现,还带来了人们消费意识的极大转变以及消费文化的出现。艺术消费是当今社会经济的充分发展和大众传媒的广泛应用,普通民众成为艺术消费的广大受众者,随着艺术消费的被日常化,艺术价值的膜拜价值淡化,展示价值凸显而产生的。在当今的艺术生活领域,在很多学者眼里,曾经的艺术生活与日常生活出现了严重的疏离,而现在的日常生活审美化、艺术审美

---

① 河清:《艺术的阴谋》,广西师范大学出版社2001年版,第259页。
② 《马克思恩格斯全集》第1卷,人民出版社2008年版,第187页。

第八章 结 论

日常化的现象达到了一种空前的融合。随着经济的发展，艺术消费在当今时代正逐步变成了许多人生活的理由——日常消费换来了存在，艺术消费才能使个人获得自己的价值体现，才能够获得某种自我想象，或展示较高的生活品位，也就是艺术消费划定了人的阶层地位。比如，现代消费时尚的更替和人们对于用品精神价值的追求，使许多服装和日常用品的淘汰与更新不依据它们的破损程度，而是依据它们能否满足人们的审美需要而存在。人们更加注重的是用品的艺术效果或者是艺术含量。作为一种情感表达，人们对消费的行为越来越挑剔，不再只满足功能的诉求，更多的是从情感要素、形式美感以及文化感受等方面选择，也就是艺术消费。

艺术从来就不是游离于社会生活之外的，在当今的市场化经济时代中，商品化逻辑已渗透社会的方方面面，作为商品消费的艺术消费，同样也被纳入社会生产——消费的大系统中。艺术产品作为物质载体和精神内容复合体的商品获得了可计量性、通约性和可交换性。可见，当艺术作为商品时，它才能打破高贵的化身，从象牙塔之巅走了下来真正融入人们的日常生活之中。

当今的消费主义的意识形态乃是当下日常生活的基础，正是消费观念的深入，在一定程度上改变了艺术的传统形态，日常生活的意义被放大为艺术的中心并被神圣化，而昔日艺术审美的神圣价值则被日常化；日常生活的欲望被合法化，并成为普通大众生活的目标之一①。消费代表着一种时尚，一种审美符号的价值与意义。与其说消费社会刺激了人们的艺术审美转向，不如说消费让艺术趋向一种病态的物质化、无精神层面的肤浅的攀比与堕落。我们当下的消费社会流向了一种消费审美符号的炫耀和展示，就越来越走向一种极端的媚俗倾向。

我们在欣赏莫扎特的严肃音乐时，把他归为艺术家的天才创作，是高雅艺术；而将"超级女声"的舞台表演和选秀音乐作为商品化的消费对象时，则可能冠之以贴近百姓生活。艺术沙龙或艺术

---

① 傅守祥：《欢乐之诱与悲剧之思——消费时代大众文化的审美之维刍议》，载《哲学研究》2006年2月。

画廊具有肃穆的氛围,是高雅艺术;网络游戏竞赛和沙雕涂鸦产生乐趣,则是大众生活的感情释放。其实我们的社会就是一个商业化的社会,我们的艺术创作不分高雅与庸俗,有人参观有人喝彩便能成为消费时代的艺术品。新的时代文化给我们带来新型的娱乐和消费的观念,面临现代人们的情感需求和出现的更多问题,不管我们喜爱与否,在消费社会里——"商业艺术是真正的艺术,真正的艺术是商业艺术"。

对于当前的这种艺术消费的现象,我们应该以充分冷静平和的态度,重视当前艺术消费多元化存在的现状以及艺术流行的观念,既要尊重和正视当代艺术消费的主导状况、流行原因,又要适当兼顾当前的艺术消费实践和艺术观念的历史演绎进程以及现实的延续,以一种理论的、科学的、建设性的、开放的态度,来构建一种具有内涵丰富、形式健康多样的艺术消费价值观。

二、当今艺术生活化与生活艺术化的困惑

生活在当今的时代是一种庆幸,生活艺术化与艺术生活化的交融延伸出一种自在的休闲生活方式,常常诱惑着我们的神经。优雅的服装、珠光的手表以及时尚的跑车让我们的生活时刻笼罩着艺术化的氛围;恢弘的世博会、高雅的音乐舞会以及浪漫的画家村使得艺术距离我们的日常生活又是如此的紧密。这是由于社会生产力的不断发展、人类社会的进步以及人类文明程度的提高所带来的赋予。理论上,社会文化进化的进程是漫长但不断进步的,因此,艺术家和艺术理论家们继续忧郁于"艺术和现实或生活之间的关系"的争论,一曰:"为艺术而艺术",一曰:"为生活而艺术"。繁荣的背后,也显示出当今艺术化的生活和生活的艺术化的困惑。

现实生活中,艺术和生活好像总是对立的,就像艺术家和社会之间的矛盾一样不可调和,"为艺术而艺术"既是一种不关心世事的清高姿态,也是一种蔑视现实生活的挑衅态度;生活对待艺术就像是站在金字塔脚下仰望塔尖的小矮人那样摇头叹息,这也是艺术生活化的困惑。iPhone 手机、名牌服装、高档汽车、梵高的油画等,这种超越使用功能而上升为艺术品的人工物,好像距离我们还

第八章 结　论

很遥远。但这不是过错，这是社会生产力的发展还远未达到人类理想的高度而留下的生活鸿沟。实际上我们所用的日用品就是艺术品，这些日用品的设计者就是艺术家，只是日用品的有用性使得其一产生便成为生活中的工具，而使人们不把他们看做艺术品。就像我们博物馆里展示的先人们的陶瓷碗筷，生产之初也被当做工具在生活中使用。法国巴黎的凡尔赛宫的设计者和我们当代的工程师工作性质完全相同，他们被称为艺术大师，而我们只是技术员，只不过他们在以艺术的方式造就我们的现实生活环境。李渔将我国古典园林声名显赫的借景艺术应用到家庭建筑中普通的女儿墙上的处理手法，值得我们学习和借鉴。

把艺术混同于现实生活，把艺术看做现实斗争的工具，甚至否认艺术的自治性。当代人把艺术看做现实生活中的一项，认为艺术要为生活服务，艺术如不能提高人的道德情操、改善人类生存发展的工具或条件或者提高们的生活质量，那么艺术就没有存在的理由，艺术和生活的概念会被抹消；另一种看法是将生活与艺术隔离开来，看做两个完全不相干的个体，或者认为生活中无法有艺术成分的存在，这两种看法也正是体现当今生活艺术化的困惑。汽车除了代步，多余的功能好像大可不必。这句话同"手表除了看时间，没有别的用处"一样好笑。艺术渗透在人类的全部活动中，它可以超越人的生活而存在。一部废旧的汽车失去了代步的功能，就没有存在的必要，但是音乐、画、雕塑并没有实际使用功能，可在现实生活中还是大受欢迎。艺术家们认为，艺术可以不为任何现实目的而存在于生活中，艺术也无处不在。在现实生活中，一款一两万美元的手表从来不缺少买家，而其显示时间的功能早已被忽略，人们诉求的是手表的艺术价值。艺术在失去一切实际功能的时候，还有一项功能就是使人们产生"审美愉悦"。失去代步功能的汽车可以作为雕塑放在街头，也可以放在博物馆供人们参观。正如康德所说，审美愉快是"非现实的"的愉快，即与一切在身体上使我们感到的满足以及与一切以现实的方式使我们感到的满足都不属于同一范畴。这里我们把艺术比拟成具有生命的个体，这些生命的个体一边进行具有活力的创造活动，同时也在死亡——一切文物制度莫不

第三节 李渔造物思想对当今生活与设计的启示

是艺术直接或间接的产物,这些产物最初都是艺术品,后来才沉积下来成了具有现实作用的东西。但目前的生命的个体却一如既往地保持着活力,在前辈的遗体上更大规模地生长着。如果我们把活着的生命的个体等同于死去生命的个体的遗体,那是荒唐的;如果我们把艺术等同于现实,也同样荒唐。同样,我们把活着的生命的个体和死去的生命的个体完全看做不同的东西,也是不正确的,因为活着的生命的个体不断地死去,并把它们的尸体贡献出来用作艺术品的材料——这就是说,艺术至今也在塑造着并且变成现实。① 由此可见,艺术存在着,只是由于其他的功能、功利、概念和目的以及自身的复杂性而掩盖了它。生活无处不艺术,生活艺术化的难点在于发现美,运用美。

综上所述,"为艺术而艺术"与"为生活而艺术"的说法都较为片面。艺术和生活并不像理论家分析的那样矛盾且势不两立。艺术确实不同于现实生活,并且与现实生活相对立,但同时艺术与现实生活之间也存在着深刻的联系。艺术并不是象牙塔之巅的王冠,不是与肮脏的世俗生活完全不相干的纯净的精神世界。相反,艺术是它治的,必须依赖于其他更重要的目的才能获得存在的合法性。所以,艺术恰恰就像在矿砂中提炼出来的纯金,矿砂的含金量越高,纯金量的比例就更多。艺术来源于现实生活,是现实生活的提炼和升华。艺术的生活化为艺术的普及发展提供了更广泛的生活基础,就会促进艺术的进一步发展;艺术和生活也并不像理论家主张的"为生活而艺术"那么泾渭分明,艺术不是一种孤芳自赏的享受,生活不是布满垃圾的肮脏世界。艺术就是一颗种子,它先于人类而存在,人类如果发现了它,悉心培育,一定的时间内就能带给人们数百倍千倍的回报。发现这个奥秘的原始人就是艺术家,没有艺术家,这个秘密就永远不会被发现。艺术家在事情并不可被臆测的情况下想象出这种结果,这就是艺术能力。如果不借助艺术能力,种子自然地落在土里生根、发芽、结果这一过程不可能被观察到。在

---

① 王祖哲:《论艺术的本质以及艺术在人类生活中的作用》,山东大学博士论文,2004年4月,第133页。

人类生活中，艺术和生活之间根本不存在区别，人类本身、劳动、文化、语言等一切人类现实，无不是艺术的直接和间接的产物，艺术是人类现实和文化之母。反过来，艺术无时无刻的存在于我们的现实生活之中，生活的艺术化就变得顺理成章。所以，艺术和生活是一对矛盾的统一体，在李渔的造物思想和造物实践中，完美地体现了这一哲理。

三、李渔造物思想对解决当代生活与艺术问题的启示

艺术作为人类文化中不可或缺的重要组成部分，是和人们的生活密不可分的联系在一起的，艺术的基本功能就是通过艺术活动来教化社会成员，协调社会关系，传递文化、道德和人们的行为方式，可见艺术和社会成员的日常生活及其意识形态是高度吻合的。艺术与生活的关系一直以来就是美学发展过程中不断被争论的焦点问题，艺术与生活的完美结合是美学的一个现实目的。古代的哲学大师孔子曾谈到"知生"的三个基本层面：即人（1）怎么活？（2）为何活？（3）活得怎么样？在这三个话题隐含的意义中都具有不同程度的形而上的内涵，但都基于"人活着"这一绝对直接的事实，也就是生命的缘起与"此在"的存在现实。这三个话题中，第一个问题是关于个体人生存与生活的方式；第二个问题是关于个体整个人生的价值和意义；第三个问题是关于个体人生的状态与境界。从古至今，无论是儒家还是道家，还是在某种意义上也包括禅宗，它们都是把生存的意义定位于此生此世，定位于一种实际的审美化的现实生活方式，而不是把生存的意义寄托于某种道德形而上或者是某种彼岸的神灵，也不会为思想中某种虚构的神灵献身，而就是定位于现世的、实际存在的、日常的、审美化的生存方式、诗意境界和实际实现，才是他们的理想中的生活生存，才是个体生存的幸福之所在。可见，艺术的生活不是形而上的虚幻艺术，生活的艺术也需要脚踏实地的现实存在，艺术与生活的完美结合是古往今来人们至上追求的现实目的，生活离不开艺术，艺术为生活而存在。

第三节　李渔造物思想对当今生活与设计的启示

(一)造物讲究"简"、"适"、"奇"、"雅"

李渔的《闲情偶寄》造物活动涉及戏剧表演、服装妆饰、建筑园林、房屋陈设、家具古玩、饮食烹饪、养花植树等诸多内容,在他的造物活动中明确地提到了"崇尚俭朴"、"置物但取其适"、"贵新奇"、"雅莫雅于此"的造物思想,李渔在承接古人哲学审美的生存理念基础之上,在"怎么活"的这一基本生活方式的问题上,显出它独特的生活艺术价值。审美观念是由审美经验的积累和归纳而形成的美的意识的反映形态,它是一种体现着事物审美特征及美的规律的典型的意向。当代人由于科技的进步和制造技术的完善,创造俭简实用与新美雅致并具有高度审美价值的产品,仍然是当前设计制造业的主流,以及将俭简、适用、新美和雅致美学思想巧妙和谐地统一在生活美学观念之中,并将其高度统一,是我们当代设计师责无旁贷的基本责任。

(二)生活艺术化

李渔造物思想中的生活艺术化以及艺术生活化观点在他的作品中随处可见,本书的研究并不只是孤立地从园林、家具、器物等某部分,而是在融合了"词曲"、"演习"、"声容"、"居室"、"器玩"、"饮食"、"种植"、"颐养"各部的基础上,来对李渔的造物思想作整体的分析和总结,而得出的他的造物思想精髓。日常生活本身的直接构成因素,全部组成了李渔造物艺术的全部源泉,生活中的一切都艺术化了。李渔的艺术生活思想将"怎么活"的答案阐释得淋漓尽致。英国唯美主义学者佩特和王尔德都倡导的"为艺术而生活"(Life for Art's Sake)的原则,主张生活要具有艺术的质量,他们在自己的生活实践中完全履行了要使生活瞬间艺术化的思想:"生活本身就是艺术,而且是最伟大的艺术。"周作人的主张与康德相似,倡导"生活艺术化",强调以审美的态度对待生活,以艺术家的心态去理解、感受生活。张竞生把艺术分为广义和狭义两种,除了音乐、绘画、文学这些传统的艺术门类之外,人类生活的一切方面均可成为艺术。他说:"自衣食住乃至一切的物品器具,以至一切的消遣，皆是艺术化，这样生活何等快乐，何等美丽。"[1]生活可以成为审美的对象，因而也就是审美快感的源泉。这些近代著名学者的观点与清代的李渔造物思想又是何等的异曲同工。快乐与幸福问题不是一个伦理学问题，更不是一个宗教信仰的问题，而就是一个美学问题。是审美而不是道德给人提供幸福，使个体的生存得到价值和意义。

人作为生命的个体，总是与日常生活息息相关，日常生活首先作为人的生命价值的确证和最初的展开。离开了日常生活，人的其他一切活动便都无从展开。从《闲情偶寄》中我们看到了李渔对日常生活审美的重视，他在把自己的美学理论和生活实践天衣无缝地结合过程中，发展和生成了自我，他把他自己的快乐通过《闲情偶寄》传授给别人的同时，也在对别人生活的关注中体现了他自身的存在价值。我们当代人生活在科技时代，人们在日趋技术化、理性化的社会中全力谋求不断膨胀的物欲满足，在物质生活不断富足的同时，相伴而生的是生活的迷惑和生活意义与价值感的失落、越来越缺少批判与反思的意识。人们对生活的期望越来越高，心理兴奋的阈值也越来越高，人们越来越看不到平凡生活的价值。基于此，李渔艺术化的生活方式，致力于美与生活，艺术与个体生命的融合的追求，积极地把我们人生的生活，当做一个高尚优美的艺术品来创造，使它艺术化、理想化，其生活审美化的理想形态是主体的自我追求与超越，是主体审美情趣的自觉地发现与物化。其丰富的生活美学思想依然值得我们当代人来领悟、来引用。"人生本来就是一种较广义的艺术，每个人的生命史就是他自己的作品。"[2]

（三）以人为本、自然和谐

在人的生存哲学理念上，李渔的造物思想不是以征服自然为最

---

[1] 张竞生、江中孝编：《美的人生观》，载《张竞生文集》（上卷），广州出版社1998年版，第123页。

[2] 朱光潜：《朱光潜全集》第二卷，安徽教育出版社1987年版，第91页。

高理想，而是注重把自然作为审美欣赏与情感亲近的对象，跟自然平等相处，提倡艺术化生存方式和诗意生存境界。自然不只是我们生活资源的提供者，不是我们征服改造的对象，而是人依赖与亲近的生存环境，是人精神和灵魂的归宿，是人的审美对象和诗性源泉。在李渔日常生活的每一个角落里都能捕捉到自然的影子，他于生活细节之中处处体现了与自然的亲近与和谐。"臻自然"、"贵自然"、"自然而然"，以自然为伴，融于自然，李渔在满足人之为人最基本的渴求中，也得到了自然最为本质的眷顾。李渔从对生活的细腻感悟和对自然的热爱中衍生出来的情感，日常生活饮食之乐与自然之乐共同铸就的美学感受，让我们看到了自我生命与自然生机的交融为一的伟大。

李渔认为，无论衣饰、器物、房园、庭舍，都应互相协调，以增加人的舒适感、便利度，达到美的标准。"既雕既斫，复归于朴"、"人工渐去，天巧自呈"、"世间万物，皆为人设。观感一理，备人观者，即备人感。天之生此，岂仅供耳目之玩、情性之适而已哉？"[1]李渔总是把人的现实需要、人的生活享受权利放在关注的中心，把突出人的形象、寻求人的美作为自己的精神追求，对人的理性、知识、能力和精神个性极其重视并以热情的实践创造理想的生活。

李渔造物思想中模仿自然而又高于自然的艺术创造，和谐自然、以人为本的造物实践，集中体现了以人为本的美学境界，不是以人的某种精神或物质价值为本，而是以人的从物质到精神、从生理到心理、从现实到理想的全方位生存价值为本，也是当代人生活美学的基本原则。

（四）闲情生活

追求休闲生活，自古有之。早在几千年之前的庄子就十分推崇闲适的生活，他在《齐物论》中说道："大智闲闲，小智间间"，认为懂得追求生活中闲情的人是智慧的。朱光潜先生曾这样概括了情

---

[1] （清）李渔：《闲情偶寄》，上海古籍出版社2000年版，第313页。

第八章 结 论

与美的关系：第一，情发生于审美主体参照审美客体的过程中；第二，在移情过程中，审美主体将自己的感觉、思想、情感、意志等移植（或称外射）到审美客体中，使审美客体染上审美主体的色彩；第三，审美主体在"外射"的感觉、思想、情感、意志于审美客体的同时，也会自觉或不自觉地受到审美客体的影响，在不知不觉中与审美客体融为一体，从而产生强烈的共鸣。① 李渔闲于情的造物思想是他生活观最典型的写照。"妻孥容我傲，骚酒放春闲。独喜林泉福，天犹不堪悭"②、"极人世之奇闻，擅有生之至乐"③、"随时即景就事行乐"等关于闲情行乐的思想贯穿于他的整个造物思想之中。李渔生动地回答了"活得怎么样"的人生真谛。李渔在日常生活及其生活环境中注入精神、文化的审美内涵，在物质享乐的同时，寻求精神的享受，创造一种既符合实用需要，又宜于遣兴雅赏、充满逸趣幽韵的生活方式。

中国历代文人雅士流连于山水花草之间，畅谈于名阁雅斋之中，在悠闲的生活中感悟人生，以一种超脱的精神追求越乎世俗规则之上的自由。于我们而言，李渔的这种在物质世界和精神世界中驰骋的生活方式更能贴近于我们的生活期望。李渔的生活美学，在物质极度匮乏的条件下也不忘对雅致生活的要求和经营，在物质丰富的情况下，也以"节俭"为准追求淡雅的审美格调。他生活的艺术，不在于物质的占有和满足，而更多的是在物质占有之外所呈现出的精神面貌。他在事物中投射情感和意志，在生活实践中体现自己的思想观念和审美趣味，有着他自己的精神世界和追求。李渔的造物思想也给如今讲究高档休闲消费的人们以善意的提醒：休闲体验中的快乐并不仅仅来自外在物质生活，注重精神的陶冶才是最重要的；同时它又给那些经济不富裕的低收者以有益的借鉴，只要具有一个平和、悠闲的心境，就是平淡的日常生活也会带来轻松、愉快的休闲体验。

---

① 朱光潜：《朱光潜美学文集》，上海文艺出版社1982年版，第24页。
② （清）李渔：《闲情偶寄》，上海古籍出版社2000年版，第91页。
③ （清）李渔：《闲情偶寄》，上海古籍出版社2000年版，第350页。

第三节　李渔造物思想对当今生活与设计的启示

休闲已成为我们当代人重要的生活方式之一。"闲中好，尽日松为侣。此趣人不知，轻风度僧语。"①中国艺术研究院马惠娣女士说："我国有关休闲文化的历史相当久远，……休闲的内容十分丰富，从《诗经》、《楚辞》、汉赋、唐诗、宋词、元曲到清代闲适小品都记载了古人追求自由快乐的性灵文字。不仅如此，古代圣贤们还常常将休闲与自然哲学、人格修养、审美性趣、文学艺术、养生延年紧密地联系在一起。"②人们孜孜以求讲究生活内容的情趣，讲求生活环境的诗情画意。而李渔，身体力行于创造理想的生活，鲜明地体现了以人为本的理念，切合现代社会人们尽情享受美好生活的基本原则。李渔所提倡的生活理念和追求的生命境界，以及对生活美学的很多宝贵经验，可以指导我们休闲生活的审美实践。

生活与艺术作为一个社会物质存在、精神文明程度和社会心理体验满意度的重要标志，也是衡量人们日常生活期望值与幸福指数的重要表征之一，它反映了人作为社会主体的自我追求和超越，是人类生存发展的本源和动力。我们既要形成对生活的正确的审美态度，提升人们的生活品质，又要警惕当代日常生活的充分审美化，使审美化成为普遍的社会生活形式。在当前物质繁荣的生活状态里有一个清醒的认识，不能过度沉溺于享乐，要树立正确积极的生活审美观，努力去拥有一种充满朝气、拥有理想、富有意趣、享受快乐的现代的艺术化的生活方式。这就是李渔造物思想中在艺术和生活方面给我们的当代启示。

---

①　(唐)郑符：《闲中好》，载《全唐诗》，中华书局1960年版，第8925页。

②　马惠娣：《休闲问题的理论探究》，载《清华大学学报(哲学社会科学版)》2001年第6期，第71页。

参 考 文 献

[1] (清)李渔. 李渔全集[M]. 杭州：浙江古籍出版社，1992.

[2] (清)李渔. 李渔全集[M]. 杭州：浙江古籍出版社，1991.

[3] (清)觚庵. 觚庵漫笔[M]. 天津：南开大学出版社，1985.

[4] (清)刘廷玑. 在园杂志(卷三)[M]. 南昌：江西人民出版社，1982.

[5] (清)李渔. 李笠翁一家言全集[M]. 16卷. 世德堂. 芥子园. 雍正八年(1730年).

[6] (明)文震亨. 陈植校注. 长物志校注[M]. 南京：江苏科学技术出版社，1984.

[7] (明)计成. 园治[M]. 北京：中国营造学社，1932.

[8] 王鸿绪编. 明史稿[M]. 台北：文海出版社，1962.

[9] 方豪. 李之藻研究[M]. 台北：商务印书馆，1960.

[10] 李光璧编. 明清史论丛[M]. 台北：商务印书馆，1971.

[11] 黄丽贞. 李渔研究[M]. 台北：纯文学出版社，1974.

[12] 黄丽贞. 李渔[M]. 台北：河洛图书出版社，1978.

[13] 彭国栋. 清史文献志[M]. 台北：商务印书馆，1969.

[14] 蒋孝瑀. 明代的规则庄园[M]. 台北：嘉新水泥公司文化基金会，1969.

[15] 邓之诚. 清初纪事初编[M]. 香港：中华书局，1976.

[16] 黎杰. 明史[M]. 香港：海侨出版社，1962.

[17] 卢前. 中国戏剧概论[M]. 上海：世界书局，1934.

[18] 卢前. 明清戏剧史[M]. 上海：商务印书馆，1935.

[19] 叶德均. 戏剧小说丛考[M]. 北京：中华书局，1979.

[20] 李斗. 扬州画舫录[M]. 北京：中华书局，1960.

[21] 侯柏朋．琵琶记资料汇编[M]．北京：书目文献出版社，1989．

[22] 李泽厚．美学四讲[M]．天津：天津社会科学院出版社，2001．

[23] 陈从周．园林谈丛[M]．上海：文化出版社，1980．

[24] 柳冠中．苹果集——设计文化论[M]．哈尔滨：黑龙江科技出版社，1995．

[25] 陈钟凡．中国文学批评史[M]．上海：中华书局，1927．

[26] 郑天挺．探微集[M]．北京：中华书局，1980．

[27] 林仁川．明末清初私人海上贸易[M]．上海：华东师范大学出版社，1987．

[28] 范文澜．中国通史简编[M]．上海：中华书局，1950．

[29] 潘吉祥．明代科学家宋应星[M]．北京：科学出版社，1981．

[30] 傅衣凌．明清社会经济史论文集[M]．北京：人民出版社，1982．

[31] 傅惜华．明代杂剧全目[M]．北京：人民文学出版社，1981．

[32] 中国戏曲研究院．中国古典戏曲论著集成（第八册）[C]．北京：中国戏剧出版社，1959．

[33] 朱光潜．西方美学史[M]．北京：人民美术出版社，1964．

[34] [日]青木正儿．元人杂居概说[M]．北京：中国戏剧出版社，1957．

[35] [日]青木正儿．王古鲁译．中国近代戏曲史[M]．上海：商务印书馆，1936．

[36] [美]张春树，骆雪伦．王湘云译．明清时代之社会经济巨变与新文化[M]．上海：上海古籍出版社，2008．

[37] [美]韩南．中国白话小说史[M]．杭州：浙江古籍出版社，1989．

[38] [日]小川环树．中国小说史研究[M]．东京：东京出版社，1968．

[39] 俞为民．李渔评传[M]．南京：南京大学出版社，1998．

[40] 沈新林．李渔评传[M]．南京：南京师范大学出版社，1998．

[41] 黄强．李渔研究[M]．杭州：浙江古籍出版社，1996．

[42]赵文聊,李彩标．李渔新论[M]．苏州:苏州大学出版社,1997.
[43]田自秉．中国工艺美术史[M]．北京:东方出版社,1985.
[44]尚刚．天工开物:古代工艺美术[M]．北京:生活·读书·新知三联书店,2007.
[45]奚传绩．设计艺术经典论著选读[M]．南京:东南大学出版社,2007.
[46]李泽厚,刘纲纪．中国美学史:魏晋南北朝编[M]．合肥:安徽文艺出版社,1999.
[47]陈汗青．产品设计——高等院校工业设计专业"世纪风"系列教材[M]．武汉:华中科技大学出版社,2005.
[48]李砚祖．造物之美[M]．北京:中国人民大学出版社,2000.
[49]李砚祖．艺术与科学[M]．北京:清华大学出版社,2005.
[50]范景中,曹意强．美术史与观念史(1—6册)[M]．南京:南京师范大学出版社,2003—2009.
[51]杭间．中国工艺美术史[M]．北京:人民美术出版社,2007.
[52]杭间．设计道[M]．重庆:重庆大学出版社,2009.
[53]杨先艺．设计艺术史[M]．武汉:华中科技大学出版社,2006.
[54]杨先艺．艺术概论[M]．北京:清华大学出版社,2009.
[55]杜书瀛．论李渔的短剧美学[M]．北京．中国社会科学院出版社,1982.
[56]杜书瀛．李渔美学思想研究[M]．北京:中国社会科学出版社,2007.
[57]王受之．世界现代设计史[M]．深圳:新世纪出版社,1995.
[58]张夫也．外国工艺美术史[M]．北京:中央编译出版社,2003.
[59]刘纲纪．艺术哲学[M]．武汉:武汉大学出版社,2006.
[60]朱立元,王振复．天人合一:中华审美文化之魂[M]．上海:上海文艺出版社,1998.
[61]陈望衡．设计艺术美学[M]．武汉:武汉大学出版社,2000.

[62]陈望衡．环境美学[M]．武汉：武汉大学出版社，2007．

[63]凌继尧，徐恒醇．艺术设计学[M]．上海：上海人民出版社，2000．

[64]长北．中国古代艺术论著集注与研究．[M]．天津：天津人民美术出版社，2007．

[65]杜书瀛．文艺美学原理[M]．北京：社会科学文献出版社，1992．

[66]刘晓静．三百年遗响——蒲松龄俚曲音乐研究[M]．上海：三联出版社，2002．

[67]蒲松龄．蒲先明整理，邹宗良校注．聊斋俚曲集[M]．北京：国际文化出版社，1999．

[68]王德胜．文化的嬉戏与承诺[M]．郑州：河南人民出版社，1998．

[69][德]玛克斯·德索．兰金仁译．美学与艺术理论著[M]．北京：中国社会科学出版社，1987．

[70]王德胜．扩张与危机——当代审美文化理论及其与批评话题[M]．北京：中国社会科学出版社，1996．

[71]李约瑟．中国科学技术史·科学思想史[M]．北京：科学出版社，1990．

[72]徐飚．成器之道——先秦工艺造物思想研究[M]．南京：南京师范大学出版社，1999．

[73]E.H.贡布里希．范景中译．艺术发展史[M]．天津：天津人民美术出版社，1991．

[74]陶东风．日常生活的审美化与文艺学的学科反思[J]．天津社会科学，2004．

[75]黄果泉．雅俗之间——李渔的文化人格与文学思想研究[M]．北京：中国社会科学出版社，2004．

[76]曹耀明．设计美学概论[M]．杭州：浙江大学出版社，2004．

[77]牟复礼，崔瑞得．剑桥中国明代史．北京：中国社会科学出版社，1992．

[78]余英时．士与中国文化[M]．上海：上海人民出版社，2003．

[79]陆容中.菽园杂记[M].北京:中华书局,1985.
[80]张仲礼.中国绅士——关于其在十九世纪中国社会中作用的研究[M].上海:上海社会科学院出版社,1991.
[81]朱狄.当代西方艺术哲学[M].北京:人民出版社,1994.
[82]傅守祥.经典美学的危机与大众美学的崛起[J].中国社会科学院研究生院学报,2007.
[83]傅守祥.欢乐之诱与悲剧之思——消费时代大众文化的审美之维刍议[J].哲学研究,2006.
[84]刘悦笛,许中云.当代"审美泛化"的全息结构——从"审美日常生活化"到"日常生活审美化"[J].西北师大学报(社会科学版),2006.
[85]陈玉琛.聊斋俚曲[M].济南:山东文艺出版社,2004.
[86]卜文红.从《风筝误》看李渔的戏剧观[J].伊犁教育学院学报,2006.
[87]王梦鸣,文艺美学[M].台北:远行出版社,1976.
[88]梅新林,陈国灿.江南城市化进程与文化转型研究[M].杭州:浙江大学出版社,2005.
[89]龙登高.江南市场史[M].北京:清华大学出版社,2003.
[90]王沉森.晚明清初思想十论[M].上海:复旦大学出版杜,2004.
[91]李贽.焚书续焚书[M].北京:中华书局,1975.
[92]胡经之.文艺美学及其他[A].美学向导[C].北京:北京大学出版社,1982.
[93]理查德·舒斯特曼哲学实践——实用主义和哲学生活[M].彭锋等译.北京:北京大学出版社,2002.
[94]詹明信,等.回归"当前事件的哲学"[J].北京:读书,2002.
[95]童书业.中国手工业商业发展史[M].成都:齐鲁书杜,1981.
[96]萧篷父,许苏民.明清启蒙学术流变[M].沈阳:辽宁教育出版杜,1995.
[97]卜正民.纵乐的困惑——明代的商业与文化[M].北京:生

活·读书·新知三联书店,2004.
[98]陈继儒. 小窗幽记[M]. 杭州：江苏古籍出版社,2002.
[99]刘志琴. 晚明史论——重新认识末世衰变[M]. 合肥：江西高校出版社,2004.
[100]朱义禄. 逝去的启蒙[M]. 郑州：河南人民出版社,1995.
[101]高濂. 遵生八笺·燕闲清赏笺[M]. 成都：巴蜀书社出版社,1985.
[102]樊树志. 晚明史[M]. 上海：复旦大学出版社,2003.
[103]张岱. 陶庵梦忆·西湖梦寻[M]. 上海：上海古籍出版社,1995.
[104]]汪玢玲. 蒲松龄与民间文学[M]. 上海：上海文艺出版社,1985.
[105]赵园. 明清之际士大夫研究[M]. 北京：北京大学出版社,1999.
[106]冯先铭. 中国陶瓷[M]. 上海：上海古籍出版社,2001.
[107]钱泳. 履园丛话[M]. 北京：中华书局,1979.
[108]邵琦,李良瑾等编. 中国古代设计思想史略[M]. 上海：上海书店出版社,2009.
[109]赵山林. 戏曲观众学[M]. 上海：华东师范大学出版社,1990.
[110]刘仙洲. 中国机械工程发明史[M]. 北京：科学出版社,1962.
[111]王征. 李之勤辑. 王征遗著[M]. 西安：陕西人民出版社,1987.
[112]胡适. 胡适文存(四)[M]. 合肥：黄山书社,1996.
[113]宋伯胤. 明泾阳王徵先生年谱[M]. 西安：陕西师范大学出版社,1990.
[114][英]亚·沃尔夫著,周昌宗等译. 十六、十七世纪科学、技术和哲学史[M]. 北京：商务印书馆,1984.
[115]黄卓越. 明中后期文学思想研究[M]. 北京：北京大学出版社,2005.

[116] 周明初. 晚明士人心态及文学个集[M]. 上海: 东方出版社, 1997.
[117] 徐茂明. 江南士绅与江南社会[M]. 北京: 商务印书馆, 2004.
[118] 柳宗悦. 工艺文化[M]. 桂林: 广西师范大学出版社, 2006.
[119] 谢国桢. 明代社会经济史料选编[M]. 福州: 福建人民出版社, 1980.
[120] 宋立达编. 艺术种源[M]. 北京: 金城出版社, 1988.
[121] 张竞生. 江中孝编. 美的人生观.《张竞生文集》上卷[M]. 广州: 广州出版社, 1998.
[122] 解志熙. 美的偏至: 中国现代唯美颓废主义文学思潮研究[M]. 上海: 上海文艺出版社, 1997.
[123] 周小仪. 莎乐美之吻: 唯美主义、消费主义与中国启蒙现代性[J]. 北京: 中国比较文学, 2001.
[124] 叶灵凤. 读书随笔[M]. 北京: 生活·读书·新知三联书店, 1988.
[125] [古希腊]柏拉图. 张竹明译. 理想国[M]. 北京: 商务印书馆, 1997.
[126] [美]马泰·卡林内斯库. 现代性的五副面孔[M]. 北京: 商务印书馆, 2004.
[127] [英]安妮·谢泼德. 艾彦译. 美学: 艺术哲学引论[M]. 沈阳: 辽宁教育出版社, 1998.
[128] [德]叔本华. 作为意志和表象的世界[M]. 北京: 商务印书馆, 1991.
[129] [英]达尔文. 人类的由来(上)[M]. 北京: 商务印书馆, 1986.
[130] [法]萨特. 审美对象的非现实性.《二十世纪西方美学名著选》(下)[M]. 上海: 复旦大学出版社, 1988.
[131] [意]克罗齐. 美学原理·美学纲要[M]. 北京: 外国文学出版社, 1983.
[132] Trans Sarah Matthews. Braudel on History. Chicago: University

of Chicago Press, 1980.

[133] Chang, Chun-shu. *Emper or Ship in Eighteenth Century China*. Journal of the Institute of the Chinese Sudies (Chinese University of Hong Kong) 7, no. 2(1974): 551-570.

[134] Chan, Kon-lam. *Li Chih in Contemporary Chinese Historiography: New Light on His Life and Works White Plains*. M. E. Sharpe, 1980.

[135] Burke, Peter. *Popular Culture in Early Modern Europe*. New York: Harper Torch books, 1978.

[136] Burtt, Edwin Arthur. *The Metaphysical Foundations of Modern Physical Science*. New York: Doubleday Anthoe Books, 1954.

[137] Butterfield, Herbert. *The Origins of Modern Science*, 1300-1800. Rev. ed. New York Free Press.

[138] *Milwaukee*: Bruce Publishing Co, 1963.

[139] Block Sidney. *What is Psychotherapy?* New York: Oxford University Press, 1982.

[140] Richard Nice. *Cambridge*, Mass. Harvard University Press, 1984.

[141] *Aptere*, David E., ed. *Ideology and Disontent*. New York; Free Press, 1963.

[142] *Original Version in French under the Title Ecrits Surl' Histoire*, Pairs: Flammarion, 1969.

[143] Brinton, Grane. *Ideas and Men: The Story of Western Thought*. 2nded. Englewood Cliffs, N. J. : Prentice-Hall, 1963.

[144] Birch. *Trans Stories From a Ming Collection: Translations of Chinese Short Stories Published in the Seventeenth Century*. New York: Grove Press, 1968 .

[145] Bishop, John L.. *The Colloquial Short Story in China. Cambridge*, Mass. : Harvard University Press, 1965.

[146] Carr, Edward H. *What is History?* New York: Alfred A. Knopf, 1962.

[147] Cassirer, Ernst. *An Essay on Man: An Introduction to a Philosophy*

of Human Culture. New Haven: Yale University Press, 1944.

[148] Atwell, William S. *Notes on Lilver, Foreign Trade, and the Late Ming Economy*. Ch'ing-shih wen-t'I 3 no. 8 (December 1977): 1-33.

[149] Berkhofer, Robert F., Jr., *A Behavioral Apporach to History Analysis*. New York: Free Press, 1969.

[150] Berling, Judith A. *The Syncretic Religion of Lin Chao-en*. New York: Columbia University, 1980.

[151] Chan, Albert. *The Decline and Fall of the Ming Dynasty, A Study of Internal Factors*. Ph. D. diss. Harvard University, 1953.

[152] Chan, Albert. *The Gloryman, and Fall of the Ming Dynasty*. Norman Okla: University of Oklahoma Press, 1982.

[153] Chang, Chun-shu. *Review of Chinese Government in Ming Times: Seven Studies*. American History Review 75, No. 7: (December 1970): 2106-2109.

[154] Black, Cyril E., Marius B. Jansen, etc. *The Modernization of Janpan and Russia: A Comparative Study*. New York: Free Press, 1975.

[155] Chang, Chun-shu. *Periodization of Chinese History*. Bulletin of the Institute of History and Philology, Academia Sinica 45 pt. 1 (1973): 157-179.

[156] Allport Gordon W. *Pattern and Growth in Personality*. New York: Holt, Rinehart ang Winston, 1961.

[157] Allsoupp, Bruce. *The Study of Architecural History*. New York: Praeger

[158] Appignanesi, Lisa. *Femininity and the Creative Imagination*. London: Vision Press, 1973.

[159] Briggs, Robin. *The Scientific Revolution of the Seventeenth Century*. London: Longman Group, 1969.

[160] Bradbrook, M. C.. *Literature in Action: Studies in Continental and Commonwealth Society*. New York: Barnes ang Noble, 1972.

[161] Brandauer, Frederick P. *Tung Yueh*. Boston: Twayne Publishers, 1978.

[162] Attwater, Rachael. *Adam Schall: A Jesuit at the Court of China, 1592-1666.*

[163] Samuel Birch. *Yin Seaou Low, or The Lost Child. A Chinese Tale.* Asiatic Journal ang Monthly Review 35(1841): 33-38.

[164] Babbit, Irving. *Rousseau and Romanticism.* Boston: Houghton Mifflin, 1919.

[165] Backhouse, E., J. O. P Bland. *Annals and Memoirs of the Court of Peking.* Reprint. Taipei: Ch'eng-wen Publishing Co., 1970.

[166] Balaz, Etienne. *Chinese Civilization and Bureaucracy.* Ed. Arthur F. Wright; trans. H. M. Wright. New Haven: YALE Uiversity Press, 1964.

[167] Barzun, Jacques. *Romanticism and the Modern Ego.* Boston: Little, Brown ang Co., 1943.

[168] Beattie, Hilary. *Land ang Lineage in China: A Study of T'ung-ch'eng County, Anh-wei, in the Ming and Ch'ing Dynasties.* Cambrige University Press, 1979.

[169] Bendix, Reinhard. *Max Weber, An Intellectual Portrait.* New York: Anchor Books, 1962.

[170] Bullough, Vern L., ed. *The Scientific Revolution.* New York: Holt, Rinehart and Winston, 1970.

[171] Bernal John D. *Science in History.* 3. ed. New York: Hawthorn Books, 1965.

[172] Birch, Cyril. *Feng Meng-lung and the Ku-Chin Hsiao-shuo*, Bulletin of the School of Oriential ang African Studies 18(1956): 64-83.

[173] Bishop, ed. *Studies of Governmental Institutions in Chinese History.* Cambridge, Mass: Harvard University Press, 1968.

[174] Black, Cyril E. *The Dynamics of Modernization.* New York: Harper and Row, 1966.

[175] Blackham H. J. *Humanism*. Batimore: Penguin Books, 1968.

[176] Bloch Marc. *The Historian's Craft*. Trans. Peter Putnam. New York: Vintage Books, 1964.

[177] Bronner, Stephen Eric, and Douglas Mackay Kellner, eds. *Critical Theory and Society*. London: Routledge. 1989.

[178] Braudel, Fernand. *Capitalism and Material life*, 1400-1800. New York: Harper and Row, 1973.

[179] Burke, Peter. *Sociology and History*. London: George Allen and Unwin, 1980.

[180] Burns Elizabeth, and Tom Burns. *Sociology of Literature and Drama: Selected Readings* Harmondsworth: Penguin Books, 1973.

[181] P. Dicken. *Global Shift*. London: Chapman, 1992.

[182] A. Gallion and S. Eisner. *The Urban Patteren*. 5th Edition. 1986.

[183] M. Weber. *Economy and Society*. Berkeley University of California Press, 1978.

[184] Nicolaus Pevsner. *Pioneers of Modern Design*. Harmond Press. 1968.

[185] Talcott Parsons and Glencoe. *The Social System*. Illinois: The Free Press, 1951.

[186] D. Callies and R. Freilich. *Cases and Materials on Land Use*. 1986.

[187] Jacques Barzun and Henry Graff. *The Modern Researcher*. New York: Brace Press, 1957.

[188] A. Rapoport and Prentice-Hall Cliffs. *Graphic Form and Culture*, 1969.

[189] Tilly A. R. and Henry Dreyfuss. *The Measure of Man and Woman-Human Factors in Design*, 1993.

[190] Dormer Peter. *Design Since* 1945. Thames and Hudson, 1991.

[191] J. Barnett. *An Introduction to Urban Design*, 1982.

[192] Listowell Earl. *A Critical History of Modern Aesthetics*, 1993.

[193] Wosley E. Wodson. *Human Factors design handbook*. Mc Graw-Hill Book Company, 1981.

[194] Gloss DS. et al. *Introduction to Safety Engineering*, 1984.

[195] *Mannheim. Men and Society*. New York: Brace Press, 1940.

[196] *Graphic Design Sources*, *New Haven*, CT: Yale University Press, 1998.

后　　记

　　人工物是人类文明的具体承载①。伴随着人类历史的进步，人工物不断地被人们创造、使用和改进，它在提高人们生活品质的同时，也以物化的形式承载着人类文明发展的轨迹。连绵数千年而从未间断的中华文明，其基础便是连绵数千年而从未间断的造物设计史，正是无数个李渔这样的造物活动家们的勤劳与智慧，奠定了中华璀璨夺目文明的物质基础；也正是李渔们的造物思想对当代的造物设计有着承上启下的现实而有效的启示，推动着人造物品的不断改进，推动着人类生活水准的不断提高。

　　我们可以从《闲情偶寄》读到，李渔极其关注现实人生，使审美普遍地指向了现实生活。他既承接了中国古代美学源远流长的哲学美学精神，对中国传统美学"人生艺术化"思想进行了创造性的发挥；又在其扎实的造物实践功底下着力阐发了中国艺术的审美文化和造物理想。他把对生活艺术化的阐释运用得贴切圆融、娴熟自如，也把生活艺术化的真谛经营得随意自然、妙趣横生。通过审美实践与造物实践来追寻、品鉴、创造生活之美，培养闲适的生活情调，是李渔造物思想的基本诉求。

　　李渔是造物实践的集大成者。在建筑园林、器用装饰、服饰修容等无所不通，其诸多见地都是在对事物不断改善、创造过程中的种种体验，充斥着他对生活的激情、热爱和对享受生活的渴望。他在关注生活功用的同时，注重自然的和谐与统一，遵循"顺从物性"哲理思想，坚持以人为本的客观标准，从"我"的艺术审美的趣

---

①　邵琦、李良瑾等编：《中国古代设计思想史略》，上海书店出版社2009年版，第1页。

味出发,强调生活日用品要讲究陶情养性与自我实现的完美结合。他在当时经济、政治、文化、艺术、哲学的大背景下,从传统的生活哲学审美观着眼,由艺术而及生活,再由生活及艺术,最终归结到人生与宇宙的生机和节奏的和谐上面,创立了独具艺术休闲理论特色的生活美学体系;他对人生价值和意义的不懈探求,以丰富的经历,覆盖了他艺术人生的整个角落,造物及诗歌、绘画、书法、音乐、舞蹈、戏剧、园林、建筑、印刷、居室装饰、服饰美容等各个门类艺术,对中国古代造物艺术的诸多研究及实践进行了独到的实验和创新,在今天依然具有极为重要的现实意义,对于当代的设计观依然具有重要的启示,其丰富的生活美学思想依然可以为今人所用。

当然,由于李渔所处时代的社会背景、文化背景、世界观以及个性的复杂性和矛盾性,他的造物思想中也有消极、落后甚至受嫉妒心态所左右的局限之处,这些观念也生动地折射出明清朝代转换之际文人生活的一种价值取向。这并不影响我们对其造物理念核心价值的摄取,还给我们提供了更宽广的角度来研究他们的宏观世界观。

让我们用席勒的一句话作为本书的结尾:"生活世界审美化的合理性在于艺术起到一种催化剂、一种交往形式、一种中介的作用,使彼此分离的瞬间重新组成一个和谐的整体。美与趣味的社会性就在于艺术可以把那些在现代性中毫无关联的一切——各种无节制的需求、官僚体制化的国家、理性道德的抽象观念与专业化的科学一起带回到共通的、开阔的天空之下……艺术为社会带来和谐。"[1]

---

[1] Jurgen Harbermas, The Philosophical Discourse of Modernity, tran., Frederick Lawrence, Cambridge, Massachusetts, The MIT Press, p45, p50.